全国职业院校课程改革/融合媒体教材

U0683536

计算机应用与数据分析+人工智能
项目实践教程

主　编　毛宏云　孔外平　李　琳
副主编　谢中梅　杨　文　卢　镭　黄智军
参　编　谢明芸　秦　璐　田高华　苑敏呈
　　　　陈为群　郭　鹏　王雪婷

电子工业出版社

Publishing House of Electronics Industry

北京·BEIJING

内 容 简 介

本书是与《计算机应用与数据分析+人工智能》配套的实验指导书。全书共分为两篇：第一篇上机与实验指导，第二篇基础练习。第一篇针对配套教材安排了 8 个实验实训项目（25 个任务），每个实验项目均以任务的形式进行介绍，读者可根据自己所掌握的知识技能进行学习并选择取舍。第二篇是提高计算机应用技能的自测习题，习题是以全国计算机等级考试上机考试的试题及部分高等院校非计算机专业的计算机技能大赛题目为基础编写的，内容全面且丰富，将考试大纲的要求及课本中的各个知识点渗透到习题之中，对知识的深度和广度有一定的要求。本书简明通俗，便于理解，不仅可以拓宽学生的知识面，还可以培养读者的计算机应用能力和解决问题的能力。

本书具有简明、实用、操作性强等特点，既可作为高等职业院校各专业计算机基础的教学用书，也可作为一般读者自学和专业人员的参考书，还可作为培训教材。

图书在版编目（CIP）数据

计算机应用与数据分析+人工智能项目实践教程/毛宏云，孔外平，李琳主编. —北京：电子工业出版社，2021.7

ISBN 978-7-121-41528-9

Ⅰ. ①计… Ⅱ. ①毛… ②孔… ③李… Ⅲ. ①数据处理－高等职业教育－教材②人工智能－高等职业教育－教材 Ⅳ. ①TP274②TP18

中国版本图书馆 CIP 数据核字(2021)第 132371 号

责任编辑：韩　蕾
印　　刷：中国电影出版社印刷厂
装　　订：中国电影出版社印刷厂
出版发行：电子工业出版社
　　　　　北京市海淀区万寿路 173 信箱　邮编：100036
开　　本：787×1092　1/16　印张：9.75　字数：237 千字
版　　次：2021 年 7 月第 1 版
印　　次：2021 年 7 月第 1 次印刷
定　　价：35.00 元

凡所购买电子工业出版社图书有缺损问题，请向购买书店调换。若书店售缺，请与本社发行部联系，联系及邮购电话：（010）88254888，88258888。

质量投诉请发邮件至 zlts@phei.com.cn，盗版侵权举报请发邮件至 dbqq@phei.com.cn。

本书咨询联系方式：qiyuqin@phei.com.cn。

前言

21 世纪人类已经步入信息化社会。信息化社会将打破人们传统的工作方式和学习方式。人们的工作、生活都离不开计算机和网络。熟悉并掌握计算机信息处理技术的基本知识和技能已经成为胜任本职工作、适应社会发展的必备条件之一。随着计算机在各个领域的广泛使用，必然要求进入社会就业岗位的劳动者具有不同层次的计算机知识及应用能力。这是信息社会对未来劳动者的要求，也是对培养社会新型劳动者的职业技术教育的必然要求。

因此，如何引导学生掌握计算机应用技术，注重培养、练习和提高他们的计算机应用能力，是每一位高职高专教师应该认真思考的一个问题，并且要将这个问题贯穿于整个教学过程中，创造性地开展计算机教学，摸索合适的教学模式和教学方法。其中选择一本合适的教材是做好教学工作的首要条件。

本书包括两篇：第一篇上机与实验指导，第二篇基础练习。

上机与实验指导的内容包括计算机与信息技术基础、认识 Internet、Windows 10 操作系统的使用、Word 2016 文档编辑与管理、Excel 2016 数据统计与分析、PowerPoint 2016 演示文档制作与展示、人工智能技术及应用概论、大数据技术原理及应用概论。

读者通过完成上述的实验项目，基本上可以达到计算机应用的初级水平，可明显提高动手能力。读者在学习计算机基础知识的时候，一定要多上机实践，计算机本身是一门实践性很强的学科，只有不断地上机实践，才能进一步理解相关的理论知识和相关思想，达到触类旁通。

基础练习的内容主要包括对各章节的基本理论与应用知识点的总结。

通过本书的学习，可以使读者对计算机的基本概念、计算机原理和网络知识等有一个全面、清楚的了解和认识，并能熟练掌握系统软件和常用 Office 办公软件的操作和应用。在拓宽知识面的同时，培养读者的计算机应用能力和解决问题的能力。

此书由江西应用技术职业学院与江西医学高等专科学校联合编写，具体编写分工如下：实验实训 1 由孔外平、郭鹏编写，实验实训 2 由卢镭、陈为群编写，实验实训 3 由毛宏云编写，实验实训 4 由李琳、苑敏呈编写，实验实训 5 由田高华、杨文编写，实验实训 6 由谢明芸、秦璐编写，实验实训 7 由黄智军、王雪婷编写，实验实训 8 由谢中梅编写。在编写过程中，编者参阅了大量的资料，特向资料提供者表示感谢，同时也向各位参与编写的作者表示感谢，由于编者水平有限，书中难免存在疏漏之处，希望广大读者批评指正。

编　者

2021 年 6 月

目 录

第一篇　上机与实验指导

第二篇　基础练习

第一篇

上机与实验指导

实验实训 1　计算机与信息技术基础

实 验 目 的

　　了解计算机的基本知识、计算机信息处理的基本概念以及计算机系统的组成与性能指标。

──⊟ 任务 1　认识计算机 ⊟──

⬤ 任务目的

　　在信息化如此发达的今天，计算机已成为人们工作、学习和生活中离不开的工具，计算机应用也成为各行各业工作人员的必备知识和技能，因此了解计算机的发展历程、特点、应用及分类等是非常必要的。

⬤ 任务描述

　　目前，计算机普及化程度已很高，许多同学都接触过或使用过各式各样的计算机，请同学们根据平时的经验总结计算机的应用及形态。

★ 方法与步骤

　　1.　分组

　　班级同学以 5 人为一小组，明确小组分工，选举小组组长。

　　2.　收集资料

　　各小组收集关于计算机应用及种类的信息，可以到银行、商超、公众服务部门、电脑市场等进行实地考察，然后参照示例认真填写下表。

应用场合	应用方式	计算机形态
银行柜台	存取款、转账等	微型台式计算机
教学	上课	笔记本电脑

3．编写讨论稿

各小组将调查的内容整理好，写成发言提纲，和其他小组交流。

✍ 相关知识与技能

1．计算机的发展历程

（1）第一代计算机（1946—1957 年）：电子管计算机。

（2）第二代计算机（1958—1964 年）：晶体管计算机。

（3）第三代计算机（1965—1970 年）：中小规模集成电路计算机。

（4）第四代计算机（1971 年至今）：大规模、超大规模集成电路计算机。

2．计算机的特点

（1）运算速度快。

（2）计算精确度高。

（3）具有记忆和逻辑判断能力。

（4）具有自动控制能力。

（5）可靠性高。

3．计算机的应用

（1）科学计算。

（2）数据处理。

（3）自动控制。

（4）辅助设计和辅助教学。

（5）人工智能。

（6）多媒体技术应用。

（7）计算机网络。

4. 计算机的分类

（1）按照性能指标分类：巨型机、大型机、小型机、微型机。

（2）按照用途分类：专用机、通用机。

（3）按照原理分类：数字机、模拟机、混合机。

─□ 任务2 计算机信息处理 □─

任务目的

了解数制的概念、信息的存储单位和常见的信息编码，并通过实际计算掌握不同数制之间的转换。

任务描述

计算机技术主要包括信息采集、存储、处理和传输，那么计算机是如何表示数值的？计算机中数值的表示与我们平时表示数值的方法有何不同？两者之间如何转换？

★ 方法与步骤

（1）把二进制数$(110101)_2$和$(1101.101)_2$分别转换成十进制数。

解：$(110101)_2=1\times2^5+1\times2^4+0\times2^3+1\times2^2+0\times2^1+1\times2^0$

$\qquad\qquad=32+16+0+4+0+1=(53)_{10}$

$(1101.101)_2=1\times2^3+1\times2^2+0\times2^1+1\times2^0+1\times2^{-1}+0\times2^{-2}+1\times2^{-3}$

$\qquad\qquad=8+4+0+1+0.5+0+0.125=(13.625)_{10}$

（2）把八进制数$(305)_8$和$(456.124)_8$分别转换成十进制数。

解：$(305)_8=3\times8^2+0\times8^1+5\times8^0$

$\qquad\quad=192+5=(197)_{10}$

$(456.124)_8=4\times8^2+5\times8^1+6\times8^0+1\times8^{-1}+2\times8^{-2}+4\times8^{-3}$

$\qquad\qquad=256+40+6+0.125+0.03125+0.0078125$

$\qquad\qquad=(302.1640625)_{10}$

（3）把十六进制数$(2A4E)_{16}$和$(32CF.48)_{16}$分别转换成十进制数。

解：$(2A4E)_{16}=2\times16^3+A\times16^2+4\times16^1+E\times16^0$

$\qquad\qquad=8192+2560+64+14$

$\qquad\qquad=(10830)_{10}$

$$(32CF.48)_{16}=3\times16^3+2\times16^2+C\times16^1+F\times16^0+4\times16^{-1}+8\times16^{-2}$$
$$=12288+512+192+15+0.25+0.03125$$
$$=(13007.28125)_{10}$$

（4）将十进制数$(22.8125)_{10}$转换成二进制数。

① 整数除以 2，商继续除以 2，得到 0 为止，将余数逆序排列。

22/2	11	余 0
11/2	5	余 1
5 /2	2	余 1
2 /2	1	余 0
1 /2	0	余 1

即$(22)_{10}=(10110)_2$

② 小数乘以 2，取整，小数部分继续乘以 2，取整，得到小数部分 0 为止，将整数顺序排列。

0.8125×2=1.625　取整 1　小数部分是 0.625；

0.625×2=1.25　　取整 1　小数部分是 0.25；

0.25×2=0.5　　　取整 0　小数部分是 0.5；

0.5×2=1　　　　取整 1　小数部分是 0，结束。

即$(0.8125)_{10}=(0.1101)_2$

拼接起来即：$(22.8125)_{10}=(10110.1101)_2$

（5）将八进制数$(714.431)_8$转换成二进制数。

7	1	4	.	4	3	1
111	001	100	.	100	011	001

即$(714.431)_8=(111001100.100011001)_2$

例 1：将二进制数$(11101110.00101011)_2$转换成八进制数。

011	101	110	.	001	010	110
3	5	6	.	1	2	6

即$(11101110.00101011)_2=(356.126)_8$

例 2：将十六进制数$(1AC0.6D)_{16}$转换成二进制数。

1	A	C	0	.	6	D
0001	1010	1100	0000	.	0110	1101

即$(1AC0.6D)_{16}=(1101011000000.01101101)_2$

例 3：将二进制数$(10111100101.00011001101)_2$转换成十六进制数。

0101	1110	0101	.	0001	1001	1010
5	E	5	.	1	9	A

即$(10111100101.00011001101)_2=(5E5.19A)_{16}$

📝 相关知识与技能

1. 计算机中的数制

数制也称计数制，是用一组固定的符号和统一的规则来表示数值的方法。计算机中的数制用"0"和"1"表示，称为二进制数。

2. 数制的转换

转换原则：如果两个有理数相等，则两数的整数部分和小数部分一定分别相等。因此，各数制之间进行转换时，通常对整数部分和小数部分分别进行转换，然后将其转换结果合并即可。

（1）非十进制数转换成十进制数：把二进制数（或八进制数，或十六进制数）写成2（或8或16）的各次幂之和的形式，然后计算其结果。

（2）十进制数转换成非十进制数（R）：整数部分转换采用"除R取余法"；小数部分转换采用"乘R取整法"，然后再拼接起来即可。

（3）二、八、十六进制数之间的相互转换：由于一位八（十六）进制数相当于三（四）位二进制数，因此，要将八（十六）进制数转换成二进制数时，只需以小数点为界，向左或向右每一位八（十六）进制数用相应的三（四）位二进制数取代即可。如果不足三（四）位，可用零补足。反之，二进制数转换成相应的八（十六）进制数，只是上述方法的逆过程，即以小数点为界，向左或向右每三（四）位二进制数用相应的一位八（十六）进制数取代即可。

3. 信息的存储单位

位（bit）：是计算机处理数据的最小单位，用0或1来表示。
字节（Byte）：是计算机中数据的最小存储单元，常用B表示。

4. 常见的信息编码

（1）BCD码：将十进制的每一位数用多位二进制数表示。
（2）ASCII码：计算机中普遍采用的一种字符编码形式，将常用的基本字符、运算符号、标点符号及一些控制符等都用二进制数表示，以便被计算机识别。

──⊡ 任务3 组装计算机 ⊡──

⭘ 任务目的

组装计算机。

任务描述

经过前面的调查和学习，同学们对计算机的基本知识有了一个初步的认识，那么如何组装计算机呢？计算机由哪些部分构成，每个部分又分别包含什么组件？

★ 方法与步骤

1. 分组

班级同学以 5 人为一小组，明确小组分工，选举小组组长。

2. 收集资料并实地考察

各小组收集关于计算机组成的配件清单，并到电脑市场实地查看各种配件性能及价格，然后认真填写下表。

配件名称	配件型号	价格（元）	主要性能指标
处理器			
主板			
显卡			
内存			
硬盘			
显示器			
光驱			
机箱			
电源			
鼠标			
键盘			
音箱			
合计			

3. 编写讨论稿

各小组将调查的内容整理好，写成发言提纲，和其他小组交流。

✎ 相关知识与技能

1. 硬件组成

（1）中央处理器。

中央处理器又称 CPU，是计算机系统的核心。计算机的所有操作，如数据处理、键盘的输入、显示器的显示、打印机的打印、结果的计算等都是在 CPU 的控制下进行的，如图 1-1 所示。

图 1-1　中央处理器（CPU）

（2）存储器。

存储器用来存放程序和数据，包括内存条、硬盘、光盘、U 盘等。

① 内存条：内存条（SIMM）是将 RAM 集成块集中在一起的一小块电路板，插在计算机中的内存插槽上，目前市场上常见的内存条有 8GB、16GB 等，较早期的还有 1～4GB 形式，如图 1-2 所示。

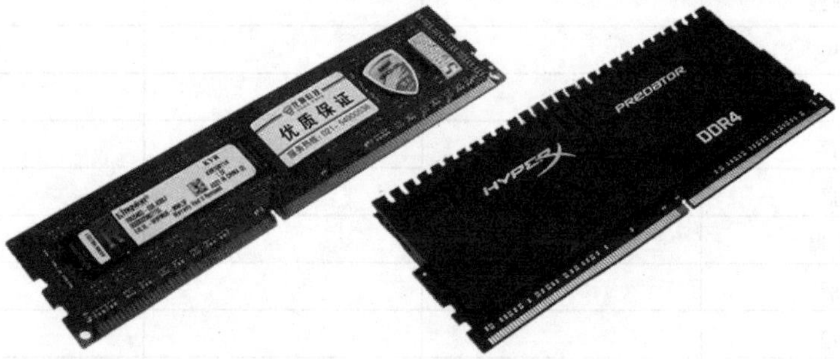

图 1-2　内存条的外观

② 硬盘：硬盘是一种将可移动磁头、盘片组固定在全密闭驱动器舱中的磁盘存储器，具有存储容量大、数据传输率较高、存储数据可长期保存等特点，常用于存放操作系统、各种程序和数据，如图 1-3 所示。

图 1-3　硬盘的外观

③ 光盘：光盘是以光信息作为存储物的载体，用来存储数据的一种存储器，需要使用光盘驱动器来读写，如图 1-4 所示。

保护层
记录层　反射层
预留槽
聚碳酸酯底盘

图 1-4　光盘的外观

④ U 盘：是一种使用 USB 接口的微型高容量移动存储产品，通过 USB 接口与电脑连接，实现即插即用，如图 1-5 所示。

SanDisk

图 1-5　U 盘的外观

（3）输入设备。

输入设备是向计算机输入数据和信息的设备，常用的输入设备有：键盘、鼠标、软盘驱动器、硬盘驱动器、光盘驱动器、麦克风、摄像头、扫描仪等，如图 1-6 所示。

图 1-6　键盘和鼠标的外观

（4）输出设备。

输出设备是计算机的终端设备，用于接收计算机数据的输出，如显示、打印、声音、控制外围设备操作等，即把各种计算结果的数据或信息以数字、字符、图像、声音等形式表示出来。常用的输出设备有：显示器、打印机、软盘驱动器、硬盘驱动器、光盘驱动器、绘图仪、音箱、耳机等。

① 显示器：计算机必备的输出设备，常用的显示器类型可以分为 CRT、LCD、PDP、LED、OLED 等，如图 1-7 所示。

图 1-7　显示器的外观

② 打印机：是计算机的输出设备之一，用于将计算机处理结果打印在相关介质上，如图 1-8 所示。

图 1-8　打印机的外观

（5）主板及其他设备。

主板是计算机的核心硬件，其他设备也称为外部设备，包括组成计算机系统的扩展接口设备及其必备部件。

① 主板：主板是整个计算机的中枢，所有部件及外设只有通过它才能与处理器连接在一起进行通信，并由处理器发出相应的操作指令，执行相应的操作。主板上包含 CPU 插座、内存条插槽、芯片组、BIOS 芯片、供电电路、各种接口插座、各种散热器等部件，它们决定了整个计算机的性能和类型，如图 1-9 所示。

图 1-9　主板的外观

② 机箱：主要用于放置和固定电脑的各个配件，起到一个承载和保护作用，同时还具有屏蔽电磁辐射的重要作用。从外观看，机箱包括外壳、各种开关、键盘、鼠标接口、USB 扩展接口、显示器和网络接口、指示灯等，另外，机箱的内部还包括各种支架，如图 1-10 所示。

图 1-10　机箱的外观及其内部的支架

③ 电源：把 220V 交流电转换成直流电，为电脑配件如主板、驱动器、显卡等供电的设备，如图 1-11 所示。

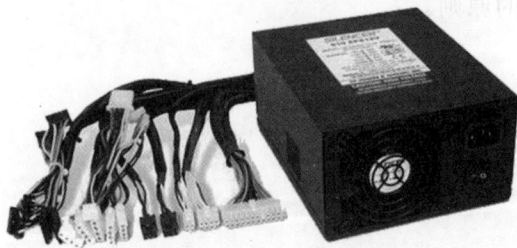

图 1-11　电源的外观

④ 显卡：全称为显示适配器或显示卡，承担输出显示图形的任务，如图 1-12 所示。

图 1-12　显卡的外观

2. 软件系统

微型计算机的软件系统分为系统软件和应用软件两类。

（1）系统软件。

　　① 操作系统 OS。

　　② 语言编译程序。

　　③ 数据库管理系统。

（2）应用软件。

　　① 文字处理软件。

　　② 表格处理软件。

3. 性能指标

（1）主频：计算机一般采用主频来描述运算速度，主频越高，运算速度就越快。

（2）字长：在其他指标相同时，字长的位数越多，计算机处理数据的速度就越快。现在的计算机字长大都采用 64 位。

（3）内存储器的容量：目前常见的内存容量都在 4GB 以上。内存容量越大，系统功能就越强大，能处理的数据量就越庞大。

（4）外存储器的容量：通常是指硬盘容量，目前硬盘容量一般为 512GB 至 4TB。

各项指标之间不是相互独立的，在实际应用时，应该把它们综合起来考虑，而且还要遵循"性能价格比"的原则。

实验实训 2　认识 Internet

实　验　目　的

(1) 掌握 IE 浏览器的基本使用方法。
(2) 掌握使用搜索引擎搜索资源的方法。
(3) 掌握收发电子邮件的方法。
(4) 掌握在网络中上传和下载文件的方法。

任务 1　实现局域网的数据共享

任务目的

了解计算机网络的发展历程及其功能和组成，掌握计算机网络的基本原理、基本概念及安全防护。

任务描述

上网在当今社会已和打电话、发短信一样平常，网络成为很多人获取信息的重要来源，那么人与人之间如何通过网络达到数据共享呢？计算机病毒会随着数据共享相互传染吗？

★ 方法与步骤

1. 分组

班级同学以 5 人为一小组，明确小组分工，选举小组组长。

2. 讨论

各小组讨论当前获取和交换信息的方式，通过讨论填写下表。

获取信息的方式	所使用的工具	是否需要联网	交流信息的方式	所使用的工具	是否需要联网

3. 编写讨论稿

各小组将调查的内容整理好，写成发言提纲，和其他小组交流。

✎ 相关知识与技能

1. 计算机网络的功能

（1）资源共享。

（2）交换信息。

2. 计算机网络的分类

（1）局域网：一座建筑物、一个中小型企业、一所学校校园内等场所组建的小型网络一般是局域网。

（2）城域网：介于局域网和广域网之间，其范围通常覆盖一个城市或十千米到上百千米。

（3）广域网：多个局域网通过电信部门的通信线路相互连接起来形成广域网。例如，一个城市、一个国家或洲与洲之间的网络都是广域网。

（4）网际网：即俗称的互联网，又称因特网、英特网，英文名称为 Internet。

3. IP 地址与域名

（1）IP 地址：IP 是 Internet Protocol（网际互联协议）的缩写，是 TCP/IP 体系中的网络层协议。由 4 组 0～255 的数（共 32 位二进制数），中间用"．"分隔组成，如 192.168.0.1 等。

（2）域名：有规律的人性化的易记忆的名称性地址，用来代替难记忆、无规律的 IP 地址，以方便因特网的使用。域名的一般表示形式为：计算机名．网络名．[机构名．]一级域名。如果"一级域名"就是"机构名"，如 www.shitac.net，这样的域名地址称为"国际域名地址"；如果"一级域名"是"地理性域名"，如 www.gov.cn，则称为"国家或地区域名地址"。

4. 计算机病毒

病毒是指编制或者在计算机程序中插入的破坏计算机功能或者破坏数据，影响计算机使用并且能够自我复制的一组计算机指令或者程序代码。

（1）计算机病毒的特点：寄生性、传染性、潜伏性、隐蔽性、破坏性。

（2）计算机病毒的预防：建立良好的安全习惯，关闭或删除系统中不需要的服务，经常升级安全补丁，迅速隔离受感染的计算机，安装专业的杀毒软件进行全面监控。

任务 2　IE 浏览器的设置与使用

任务目的

使用浏览器浏览网页和搜索信息。

任务描述

（1）启动 IE 浏览器。

（2）将"百度"设置为 IE 浏览器的主页，并将新网页显示方式设置为当前窗口中的选项卡。

（3）使用"百度"搜索新浪网。

（4）浏览新浪教育新闻和新浪财经新闻。

方法与步骤

（1）单击"开始"按钮，在弹出的菜单中指向"所有程序"，从展开的"开始"菜单中选择"Internet Explorer"命令，启动 IE 浏览器。

（2）在地址栏中输入"www.baidu.com"，按"Enter"键跳转到百度主页，如图 2-1 所示。

图 2-1　百度主页

（3）单击 IE 浏览器右上角的"设置"按钮 ⚙，从弹出的菜单中选择"Internet 选项"命令，打开"Internet 选项"对话框，在"常规"选项卡中确定"主页"列表框中显示的是百度的网址，单击"使用当前页"按钮，然后单击"应用"按钮，如图 2-2 所示。

（4）在"常规"选项卡中单击"选项卡"按钮，打开"选项卡浏览设置"对话框，选中"当前窗口中的新选项卡"单选按钮，如图 2-3 所示。单击"确定"按钮，然后重启计算机使设置生效。

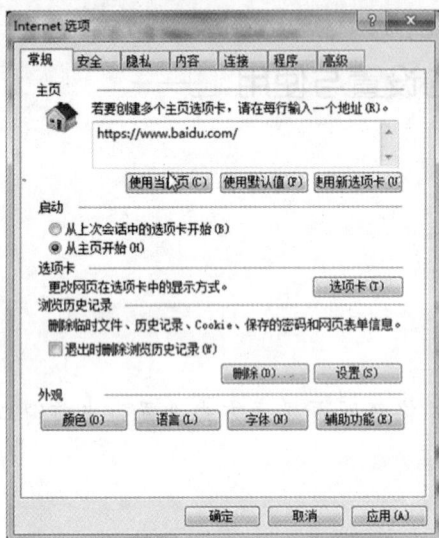

图 2-2　"Internet 选项"对话框　　　　图 2-3　"选项卡浏览设置"对话框

（5）重新启动 IE，此时会看到默认打开的是百度主页。在搜索框中输入"新浪网"，按"Enter"键或者单击"百度一下"按钮，显示搜索结果，如图 2-4 所示。

图 2-4　搜索结果

（6）单击"新浪首页（官方）"链接，跳转到新浪网首页，如图 2-5 所示。

图 2-5　新浪网首页

（7）在导航栏中找到"教育"导航链接，单击鼠标，跳转到教育新闻页面，拖动滚动条浏览标题信息（链接），并查看自己感兴趣的内容，如图 2-6 所示。

图 2-6　新浪教育新闻页面

（8）在选项卡标签栏中单击"新浪首页"标签，切换到新浪网首页，找到并单击"财经"链接，浏览感兴趣的财经信息，如图 2-7 所示。

图 2-7　新浪财经新闻页面

相关知识与技能

1. 打开浏览器并浏览网页

（1）通过网址打开网页：在 IE 浏览器地址栏中输入网站或网页网址，如图 2-8 所示。

图 2-8　通过网址打开网页

（2）通过地址栏打开网页：在地址栏下拉列表中选择曾经输入过的网址，如图 2-9 所示。

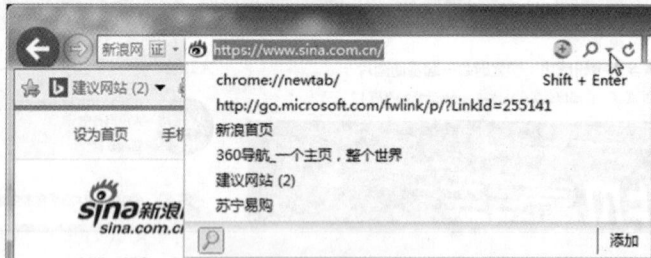

图 2-9　通过输入过的网址打开网页

（3）通过超链接打开网页：将鼠标指针移到网页上的文字、图片等项目上，如果指针变成手形，表明它是超链接，单击它可转到该链接指向的网页，如图 2-10 所示。

图 2-10　通过超链接打开网页

2.　信息的搜索

（1）打开浏览器窗口，在搜索栏中输入关键词，按"Enter"键启动搜索，如图 2-11 所示。

图 2-11　使用搜索栏进行搜索

（2）在地址栏中输入搜索引擎地址，启用搜索引擎进行搜索，如图 2-12 所示。

图 2-12　使用搜索引擎进行搜索

（3）有些网页中会提供搜索框，在此输入关键词，然后单击"搜索"按钮或按"Enter"键也可以进行信息的搜索，如图 2-13 所示。

图 2-13　使用网页中的搜索框进行搜索

3. 常用的浏览器操作

（1）刷新：当打开网页时出现意外中断，或想更新一个已经打开网页的内容时，可单击 IE 浏览器地址栏右侧的"刷新"按钮 ⟳，刷新网页。

（2）后退：单击"后退"按钮 ⬅ 可以返回前面看过的网页。

（3）前进：单击"前进"按钮 ➡ 可以查看在单击"后退"按钮前查看的网页。

——□ 任务 3　Internet 的简单应用 □——

🔘 任务目的

掌握信息交换的基本手段。

🔘 任务描述

（1）申请一个免费电子邮箱，使用它接收和发送邮件。

（2）下载腾讯 QQ 应用软件，安装该软件，运行后申请一个 QQ 号，在 QQ 空间上传照片。

✦ 方法与步骤

1. 申请和使用电子邮箱

（1）在浏览器中搜索新浪网（也可以是其他网站，如网易、搜狐等），通过网页链接进入新浪网首页，单击"邮箱"按钮，从弹出的面板中选择"免费邮箱"链接，进入新浪免费电子邮箱注册和登录页面，如图 2-14 所示。

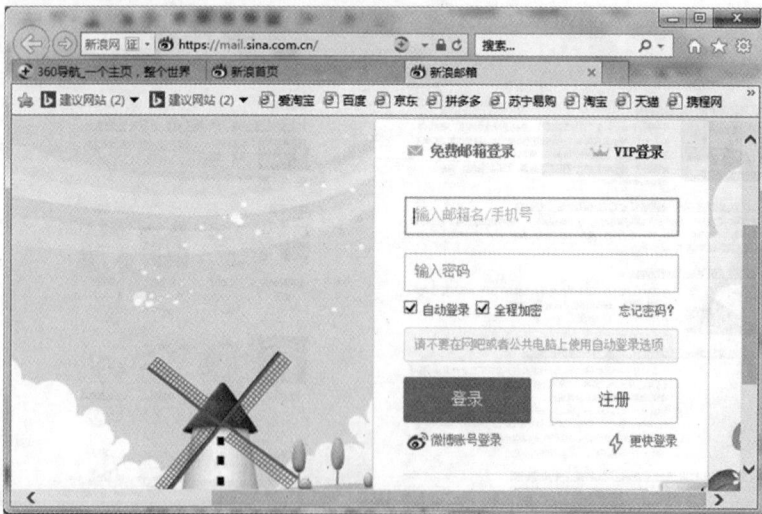

图 2-14　新浪免费邮箱注册和登录页面

（2）单击"注册"按钮，跳转到如图 2-15 所示的注册页面，输入注册信息，然后单击"立即注册"按钮，提交注册。

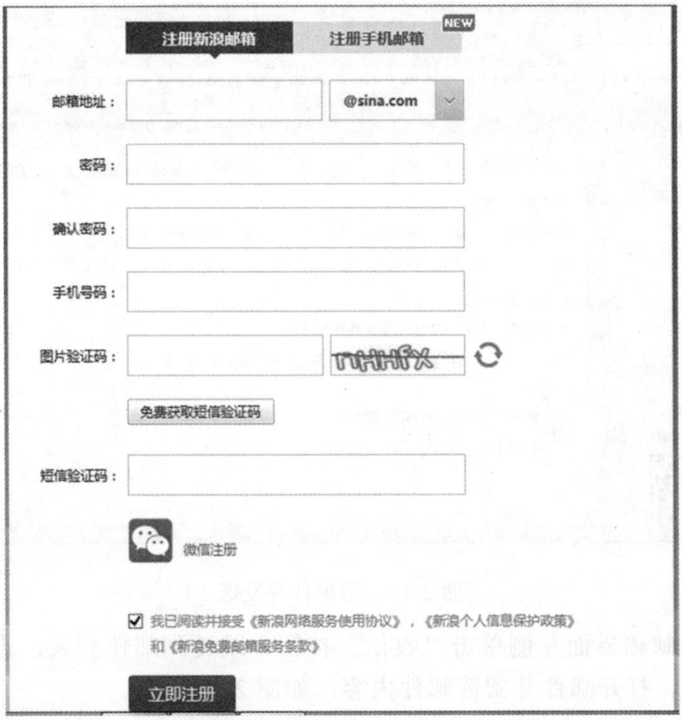

图 2-15   注册页面

（3）注册完成后，即可自动进入新浪邮箱界面，如图 2-16 所示。

图 2-16   新浪邮箱界面

（4）在新浪邮箱界面中单击左侧的"写信"按钮，跳转到写信页面，输入同学的邮箱地址、主题以及邮件内容，单击"发送"按钮，发送邮件，如图 2-17 所示。

图 2-17　写邮件并发送

（5）在新浪邮箱界面左侧单击"收信"按钮，跳转到邮件列表，查看收到的邮件，并单击邮件链接，打开邮件并阅读邮件内容，如图 2-18 所示。

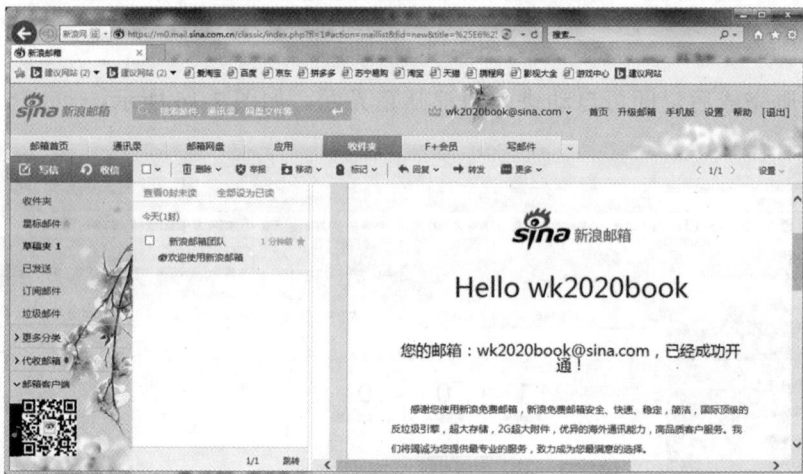

图 2-18　读邮件

2. 下载 QQ 并在 QQ 空间上传照片

（1）打开 IE 浏览器，在百度搜索 QQ，然后单击"QQ 官方电脑版"链接下的"立即下载"按钮，如图 2-19 所示。

图 2-19　搜索 QQ

（2）在打开的安装界面中单击"普通安装"按钮，如图 2-20 所示。

（3）这时会出现安装进度条，耐心等待安装结束。

（4）安装完成后，双击桌面上的 QQ 图标或者从"开始"菜单中选择"腾讯 QQ"命令启动 QQ，在 QQ 登录界面左下角单击"注册账号"链接，如图 2-21 所示。

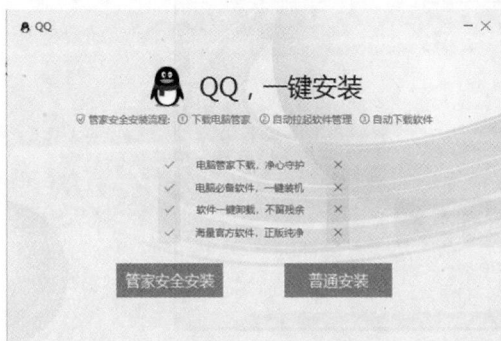

图 2-20　安装 QQ

图 2-21　QQ 登录界面

（5）在打开的 QQ 注册页面中输入注册信息，然后单击"立即注册"按钮，如图 2-22 所示。

图 2-22　QQ 注册页面

（6）根据提示进行操作，完成 QQ 号的申请后，在 QQ 面板中输入已申请的 QQ 号及其密码，登录 QQ，启动 QQ 面板。

（7）在 QQ 面板顶部单击"QQ 空间"图标**2**，激活并打开 QQ 个人空间，单击"相册"链接，进入相册页面，如图 2-23 所示。

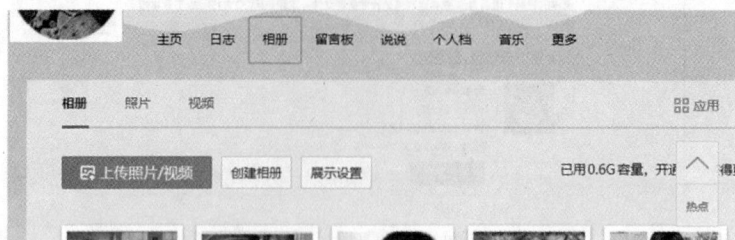

图 2-23　QQ 空间的相册页面

（8）单击"上传照片/视频"按钮，打开"上传照片-普通上传（H5）"对话框，单击"选择照片和视频"按钮，如图 2-24 所示。

图 2-24　选择照片和视频

（9）在打开的"打开"对话框中选择并打开要上传的照片。所选照片会显示在"上传照片-普通上传（H5）"对话框中，向下拖动滚动条，在页面底部单击"开始上传"按钮，将照片上传到 QQ 空间，如图 2-25 所示。

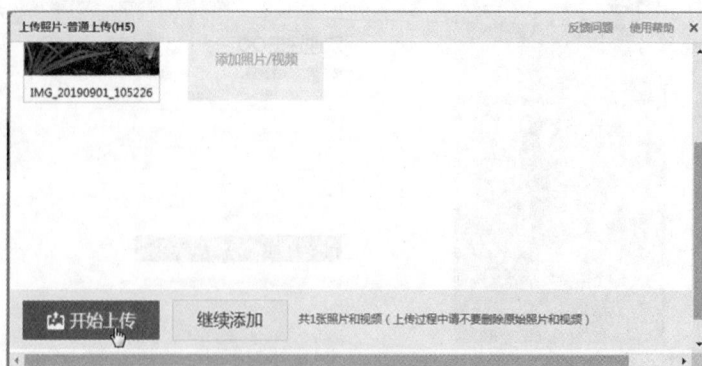

图 2-25　开始上传

相关知识与技能

1.　收发电子邮件的方法

（1）在线收发电子邮件。

（2）使用 Outlook 收发电子邮件。

2.　向网络中上传文件

（1）使用 FTP 软件上传文件：支持断点续传，除了可以完成文件传输的功能以外，还可以完成站点管理、远程编辑服务器文件等工作，但需要下载专门软件，如 Filezilla、CuteFtp、FlashFXP 等。

（2）使用 Web 页面上传文件：只要网页中有上传通道，就可以方便地将自己的文件上传到该网站。例如向 QQ 空间中上传照片就属于这种方法。

3.　从网络中下载文件

（1）直接从网页下载：在网页中单击下载链接，打开"新建下载任务"对话框，单击"下载"按钮，即开始下载文件，如图 2-26 所示。

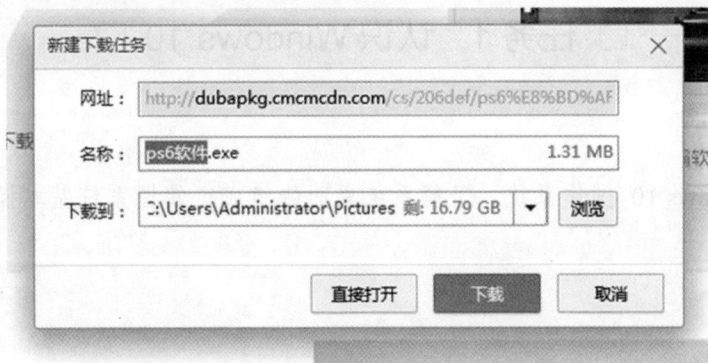

图 2-26　"新建下载任务"对话框

（2）使用下载程序下载：随着网页下载速度的加快，使用这种方法的人越来越少，这种方法的好处是支持断点续传，对于大型文件如电影、电视剧等还是较为有用的。常见的专业下载软件有迅雷、QQ 旋风等。

实验实训 3   Windows 10 操作系统的使用

实验目的

（1）掌握 Windows 10 的安装方法、桌面组成及常用操作。
（2）掌握文件和文件夹的基本概念及其管理方法。
（3）掌握控制面板的使用和设置。

任务 1   认识 Windows 10

任务目的

安装 Windows 10 操作系统，了解系统桌面的组成，掌握系统基本操作对象及其操作方法。

任务描述

（1）多桌面的创建与切换。
（2）窗口的操作。

★ 方法与步骤

1. 多桌面的创建与切换

（1）在任务栏中单击"任务视图"按钮，然后在弹出的任务视图栏中单击"新建桌面"图标，创建新桌面。

（2）在任务栏中单击"应用视图"按钮，在任务视图栏中单击新创建的桌面，切换到新桌面。

（3）按"Windows+Ctrl+F4"组合键，删除当前桌面。

2.　窗口的操作

（1）在桌面空白处右键单击，从弹出的快捷菜单中选择"个性化"命令，打开"设置"窗口，在左窗格中选择"主题"，切换到"主题"页面，在窗口右侧选择"桌面图标设置"超链接文字，打开"桌面图标设置"对话框，在"桌面图标"选项组中选中"计算机"复选框，如图 3-1 所示。

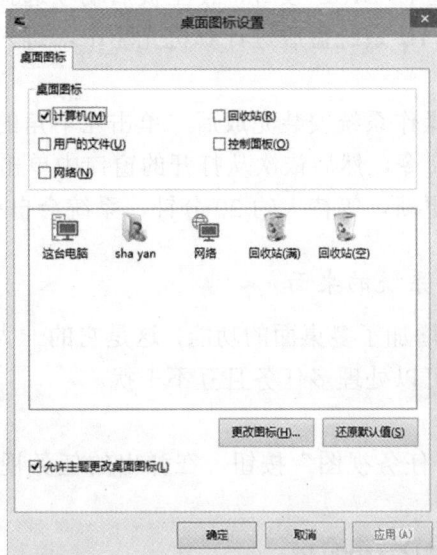

图 3-1　"桌面图标设置"对话框

（2）选择完毕，单击"应用"按钮，再单击"确定"按钮关闭对话框，即可在桌面上看到"计算机"图标。

（3）双击桌面上的"计算机"图标，打开"计算机"窗口。

（4）单击窗口右上角的"还原"按钮使窗口大小成为原始大小。

（5）将鼠标指针放在窗口边界上拖动，调整窗口的高度和宽度。

（6）参照前面的步骤在桌面上再添加一个"控制面板"图标，并打开"控制面板"窗口。

（7）在任务栏中用鼠标右键单击空白处，从弹出的菜单中分别选择"层叠窗口""堆叠显示窗口""并排显示窗口"命令，查看这些窗口排列方式在排列效果上有何不同。

（8）在"计算机"窗口和"控制面板"窗口之间切换。

（9）逐一单击"计算机"窗口和"控制面板"窗口右上角的"关闭"按钮，关闭两个窗口。

✍ 相关知识与技能

1.　Windows 10 操作系统的版本与安装

（1）版本：Windows 10 共有家庭版、专业版、企业版、教育版、移动版、移动企业版和物联网核心版七个版本，分别面向不同的用户和设备。其中教育版以企业版为基础，面向学校职员、管理人员、教师和学生。它通过面向教育机构的批量许可计划提供给客户，学校将能够升级 Windows 10 家庭版和 Windows 10 专业版设备。

（2）安装：Windows 10 操作系统可以从光盘安装，也可以从网上下载，但网上下载的前提是需要联网，适合系统升级，因此对于全新的计算机，选择从光盘安装。全新安装操作系统之前，需要先进行 BIOS 设置，使主板启动项选择为光盘启动，然后重启计算机，将购买的 Windows 10 系统盘放进计算机光驱中，进入光盘安装系统，根据提示一步步进行操作即可。

（3）安装系统补丁：操作系统安装完成后，单击左下角的 Windows 10 图标，从弹出的菜单中选择"设置"命令，然后依次从打开的窗口中单击"更新和安全"|"检查更新"按钮，开始检查系统更新，等待大约 20 分钟，系统会自动下载相应补丁并安装。

2. Windows 10 操作系统的桌面

Windows 10 操作系统增加了多桌面的功能，这是它的一大亮点。用户可以添加多个虚拟桌面同时运行，从而可以处理多任务且互不干扰。

（1）创建多桌面。

① 在任务栏中单击"任务视图"按钮，在弹出的任务视图栏中单击"新建桌面"图标。

② 按"Windows+Ctrl+D"组合键。

（2）多桌面切换。

在 Windows 10 中，所有已创建的虚拟桌面都显示在应用视图栏中，在桌面之间进行切换的方法如下：

① 单击任务栏中的"应用视图"按钮，在任务视图栏中单击某个桌面图标，即可切换到该桌面。

② 按组合键：Windows+Ctrl+左方向键或右方向键。

（3）删除桌面。

切换到要删除的桌面，按"Windows+Ctrl+F4"组合键，即可删除当前桌面。

3. Windows 10 系统的基本操作对象

窗口是 Windows 10 系统最重要的对象，当用户打开程序、文件或者文件夹时，都会在屏幕上出现一个窗口。在 Windows 10 中，几乎所有的操作都是通过窗口来实现的，因此，窗口是 Windows 10 环境中的基本对象，对窗口的操作也是 Windows 10 中最基本的操作。

（1）打开窗口。

① 双击桌面上的快捷图标即可打开相应窗口。

② 右键单击桌面上的快捷图标，从弹出的快捷菜单中选择"打开"命令。

③ 单击"开始"按钮，在弹出的"开始"菜单中选择要打开的程序或窗口命令。

（2）关闭窗口。

① 单击窗口右上角的"关闭"按钮。

② 在窗口的菜单栏中选择"文件"菜单中的"关闭"命令。

③ 右键单击窗口中的"标题栏"，然后在弹出的快捷菜单中选择"关闭"命令。

④ 按"Alt+F4"组合键，可关闭当前窗口。

（3）调整窗口大小。

窗口在显示器中显示的大小是可以随意控制的，这样可以方便用户对多个窗口进行操作。调整窗口大小的方法主要有四种。

① 双击标题栏改变窗口大小。

② 单击最小化按钮将窗口隐藏到任务栏。

③ 单击"还原"和"最大化"按钮将窗口进行原始大小和全屏切换显示。

④ 在非全屏状态下可以拖动窗口四个边界，调整窗口的高度和宽度。

（4）排列窗口。

在任务栏的空白处单击鼠标右键，弹出的快捷菜单中包含了显示窗口的三种形式，即层叠窗口、堆叠窗口和并排显示窗口，用户可以根据需要选择一种窗口的排列方式，对桌面上的窗口进行排列。

如果要对窗口进行平铺，可以使用"Ctrl+Alt+Delete"组合键开启任务管理器，在其中按住"Ctrl"键选取需要平铺的窗口，然后单击鼠标右键，在弹出的快捷菜单中选择"纵向平铺"或"横向平铺"命令即可。

（5）切换窗口。

先按"Alt+Tab"组合键，弹出窗口缩略图，再按住"Alt"键不放，同时按"Tab"键逐一选择窗口图标，当缩略图移动到需要使用的窗口图标时再释放，即可打开相应的窗口。

──□ 任务 2　文件管理 □──

● 任务目的

掌握文件和文件夹的基本操作。

● 任务描述

打开"计算机"窗口，在 D 盘根目录下创建一个"A"文件夹，再在该文件夹中创建一个文本文档，命名为 A1，然后将文件和文件夹移动到桌面上。

★ 方法与步骤

（1）双击桌面上的"计算机"图标，打开"计算机"窗口。

（2）双击 D 盘驱动器，进入 D 盘，右键单击文件列表窗格中的空白处，从弹出的快

捷菜单中选择"新建"|"文件夹"命令，如图 3-2 所示。

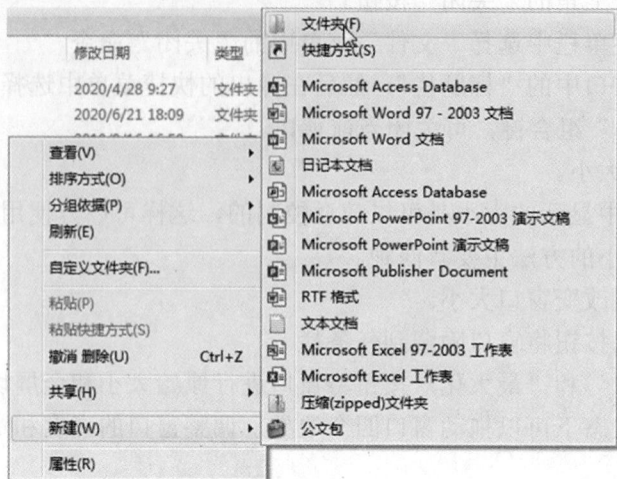

图 3-2　新建文件夹

（3）将新建文件夹的名称改为"A"。

（4）双击打开"A"文件夹，在文件列表窗格中右键单击，从弹出的快捷菜单中选择"新建"|"文本文档"命令，新建一个文本文档，将其名称更改为 A1。

（5）单击文件夹窗口左上角的"后退"按钮，返回上一个界面，右键单击"A"文件夹，从弹出的快捷菜单中选择"剪切"命令，然后最小化文件夹窗口，在桌面上右键单击空白处，从弹出的快捷菜单中选择"粘贴"命令，将"A"文件夹移动到桌面上。

☑ 相关知识与技能

1.　文件的选择

Windows 10 在选择文件和文件夹方面相较于前期的操作系统有所简化，每个文件或文件夹前面都有一个复选框，只要在复选框中显示"√"就选中了这个文件或文件夹，同样取消了"√"就表示放弃了选择。

2.　创建文件或文件夹

定位到需要创建文件或文件夹的目标位置，在空白处单击鼠标右键，在弹出的快捷菜单中选择"新建"命令，在对应的子菜单中选择需要创建的文件类型，输入文件或文件夹的名称后，按"Enter"键或用鼠标单击空白处即可。

3.　重命名文件或文件夹

选择要重命名的文件或文件夹，单击鼠标右键，在弹出的快捷菜单中选择"重命名"命令，文件或文件夹的名称将处于编辑状态（蓝色反白显示），输入新的名称，按"Enter"键或用鼠标单击空白处确认新名称。

4. 复制文件或文件夹

（1）选择要进行复制的文件或文件夹，按"Ctrl+C"组合键，然后切换到目标窗口，按"Ctrl+V"组合键。

（2）选择要进行复制的文件或文件夹，单击鼠标右键，在弹出的快捷菜单中选择"复制"命令，然后切换到目标窗口，在空白处单击鼠标右键，在弹出的快捷菜单中选择"粘贴"命令。

5. 移动文件或文件夹

（1）选择要进行移动的文件或文件夹，按"Ctrl+X"组合键，然后切换到目标窗口，按"Ctrl+V"组合键。

（2）选择要进行移动的文件或文件夹，单击鼠标右键，在弹出的快捷菜单中选择"剪切"命令，然后切换到目标窗口，在空白处单击鼠标右键，在弹出的快捷菜单中选择"粘贴"命令。

6. 文件或文件夹的删除与恢复

（1）删除文件或文件夹：选中需要删除的文件，按"Delete"键，即可将文件移动到回收站中。

（2）恢复被删除的文件或文件夹：在桌面上双击"回收站"图标，打开"回收站"窗口，选择要恢复的文件，右键单击，在弹出的快捷菜单中选择"还原"命令，即可将文件还原到删除前的位置，如图 3-3 所示。

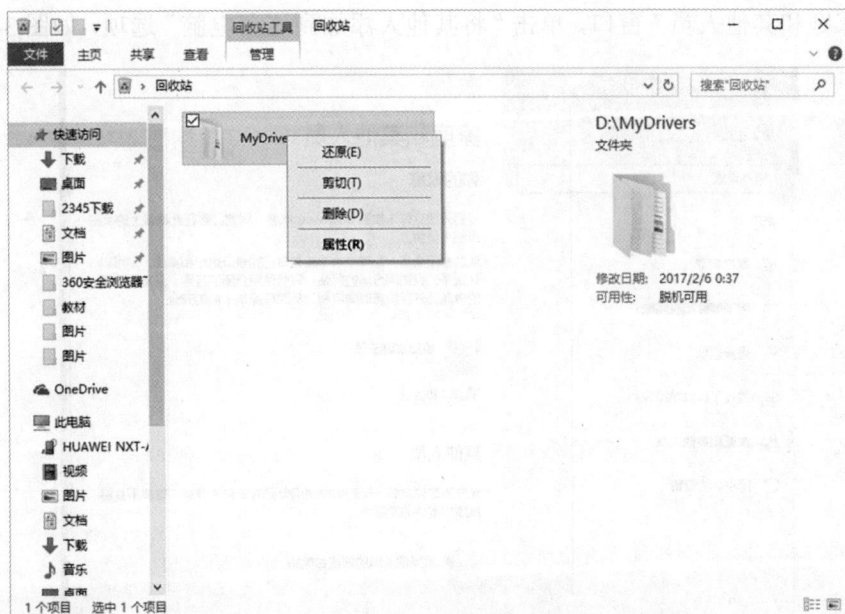

图 3-3　还原被删除的文件

（3）彻底删除文件或文件夹：打开"回收站"窗口，选择文件或文件夹，右键单击，从弹出的快捷菜单中选择"删除"命令，即可将其彻底从计算机中删除。

⊡ 任务3 控制面板的设置 ⊡

任务目的

了解控制面板的作用，掌握控制面板中常用的操作。

任务描述

（1）创建一个本地用户账户，命名为1。
（2）设置屏幕保护程序为"变幻线"，等待时间为5分钟。
（3）设置自动更新，使 Windows 10 自动更新系统。
（4）校正系统时间。

★ 方法与步骤

1. 创建用户账户

（1）打开"控制面板"窗口，选择"用户账户"选项，然后在跳转到的窗口中依次选择"用户账户"｜"管理其他账户"｜"在电脑设置中添加新用户"选项，在打开的窗口中转到"家庭和其他人员"窗口，单击"将其他人添加到这台电脑"选项，如图3-4所示。

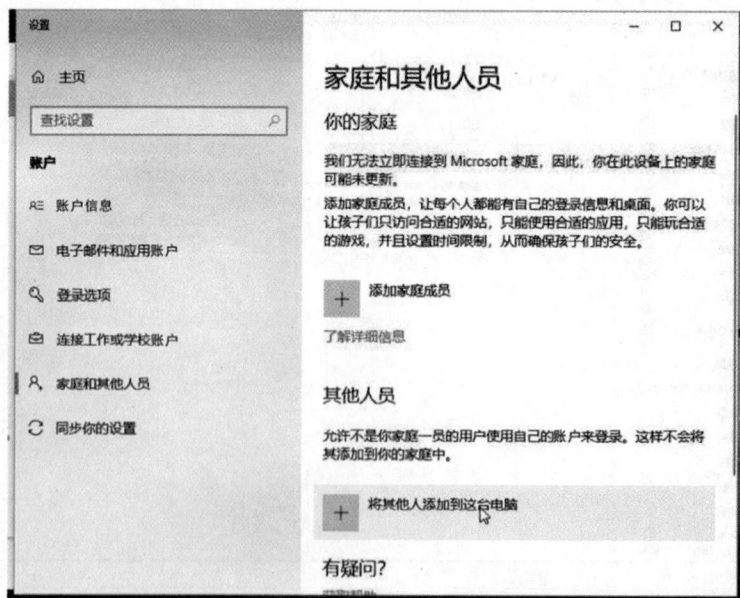

图 3-4 "家庭和其他人员"窗口

（2）在打开的"此人将如何登录"对话框中单击"我没有这个人的登录信息"选项，如图 3-5 所示。

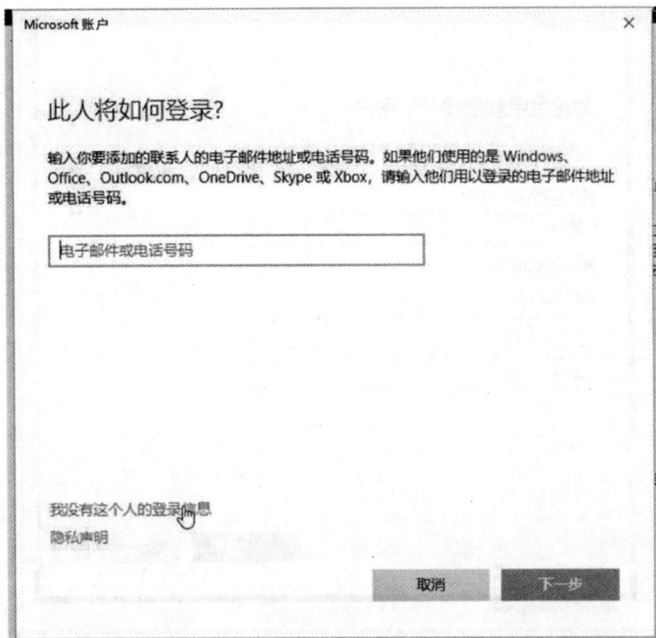

图 3-5　"此人将如何登录"对话框

（3）单击"下一步"按钮，切换到"让我们来创建你的账户"对话框，单击"添加一个没有 Microsoft 账户的用户"选项，如图 3-6 所示。

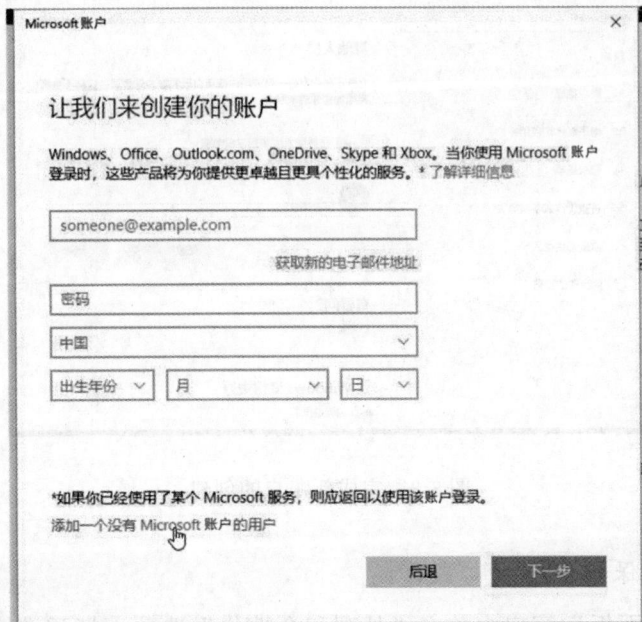

图 3-6　"让我们来创建你的账户"对话框

（4）单击"下一步"按钮，打开"为这台电脑创建一个账户"对话框，输入用户名和密码，如图 3-7 所示。

图 3-7 "为这台电脑创建一个账户"对话框

（5）单击"下一步"按钮，即可创建一个新的用户账户，如图 3-8 所示。

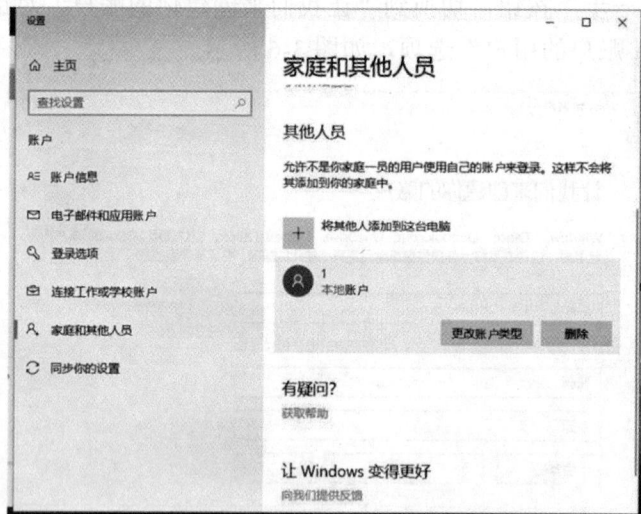

图 3-8 完成新账户的创建

2. 设置屏幕保护程序

（1）在"控制面板"窗口中单击"外观和个性化"选项，打开"外观和个性化"窗口，单击"任务栏和导航"选项，在打开的"设置"窗口左侧单击"锁屏界面"选项，切换到"锁屏界面"窗口，向下拖动滚动条，找到并选择"屏幕保护程序设置"选项，如图 3-9 所示。

图 3-9 "锁屏界面"窗口

（2）在打开的"屏幕保护程序设置"对话框中展开"屏幕保护程序"下拉列表框，选择"变幻线"选项，并在"等待"微调框中输入"5"，如图 3-10 所示。

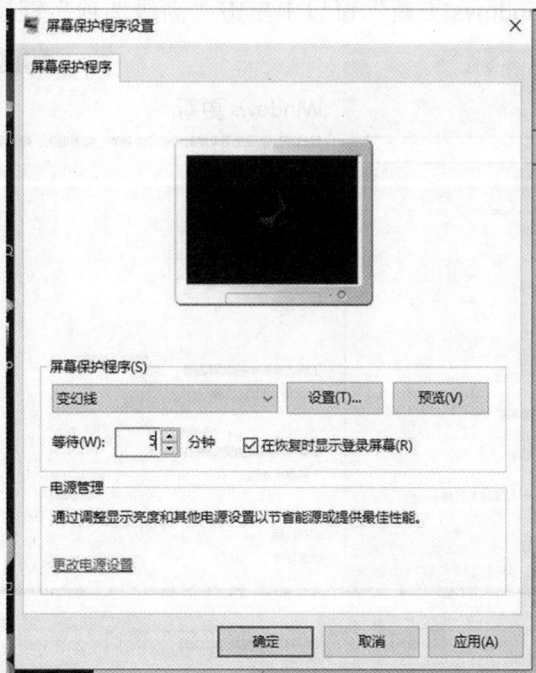

图 3-10 "屏幕保护程序设置"对话框

（3）单击"应用"按钮，然后单击"确定"按钮。

3. 设置自动更新

（1）单击"开始"按钮，在弹出的菜单中选择"设置"命令，打开"设置"窗口，单击"更新和安全"，如图 3-11 所示。

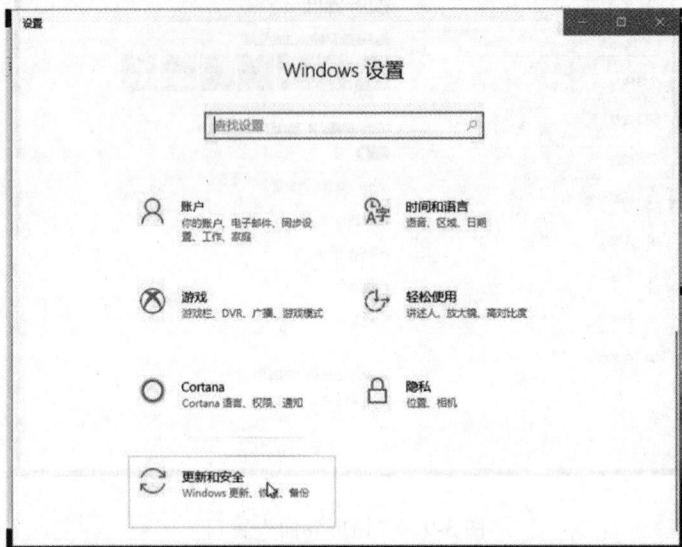

图 3-11　"设置"窗口

（2）在打开的"Windows 更新"窗口中单击"高级选项"链接，如图 3-12 所示。

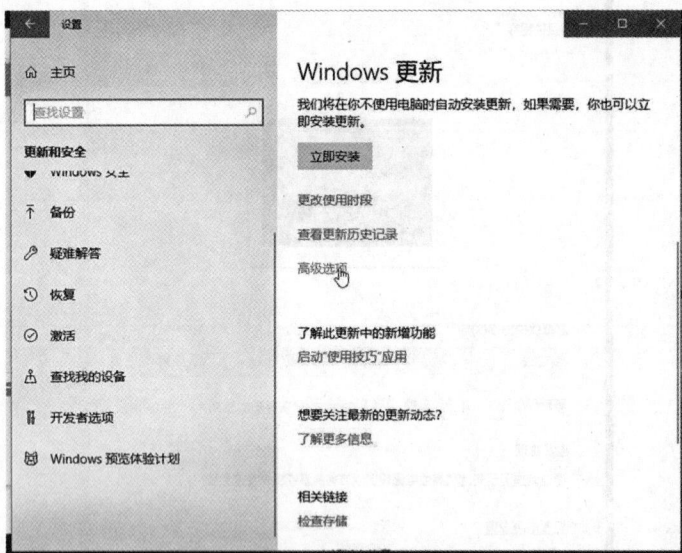

图 3-12　"Windows 更新"窗口

（3）在打开的"高级选项"窗口中打开"自动下载更新，即使通过按流量计费的数据连接也是如此（可能会收费）"开关，如图 3-13 所示。如此设置后，Windows 就会自动下载更新了。

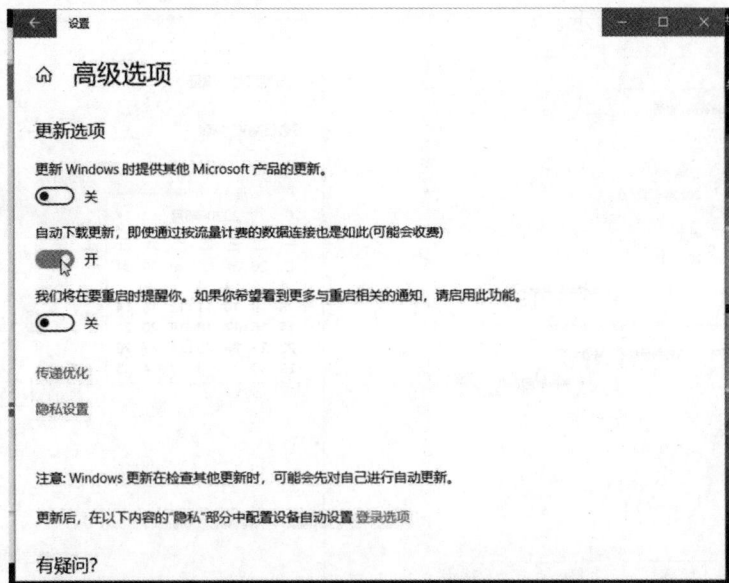

图 3-13　"高级选项"窗口

4．校正系统时间

（1）在控制面板中单击"时钟和区域"选项，切换到"时钟和区域"窗口，单击"日期和时间"，如图 3-14 所示。

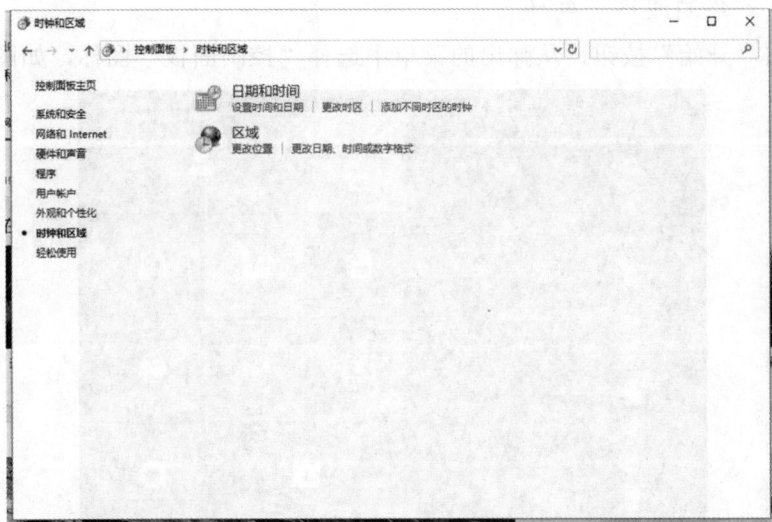

图 3-14　"时钟和区域"窗口

（2）在打开的"日期和时间"对话框中切换到"日期和时间"选项卡，单击"更改日期和时间"按钮，如图 3-15 所示。

（3）在打开的"日期和时间设置"对话框中选择当前日期，并在"时间"微调框中输入当前时间，如图 3-16 所示。

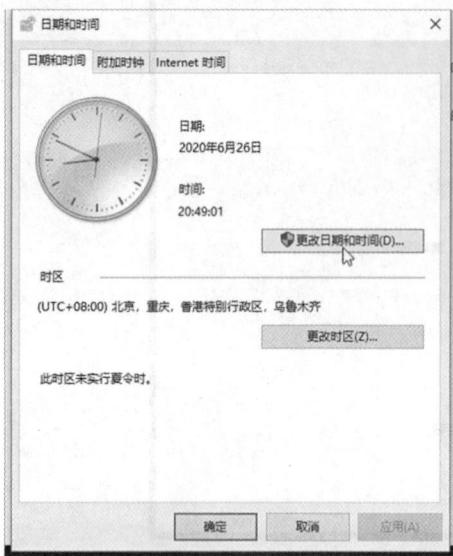

图 3-15 "日期和时间"对话框

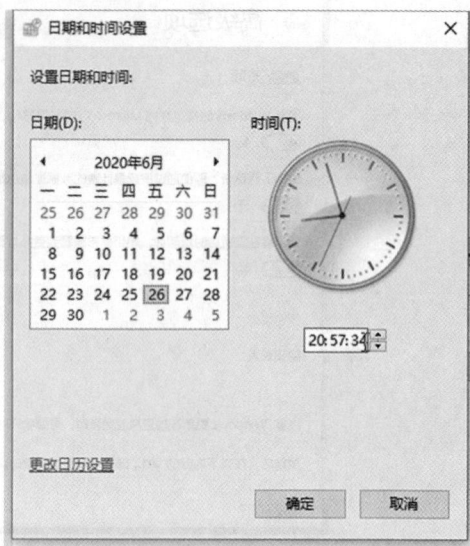

图 3-16 "日期和时间设置"对话框

（4）设置完成后，依次单击"确定"按钮关闭对话框并应用设置。

✍ 相关知识与技能

1. 打开"控制面板"窗口

（1）单击"开始"按钮，从弹出的菜单中选择"控制面板"图标，如图 3-17 所示。

图 3-17 Windows 10 的"开始"菜单

（2）双击"控制面板"图标，打开"控制面板"窗口，如图 3-18 所示。

图 3-18　"控制面板"窗口

2．控制面板的功能选项

Windows 10 中的控制面板主要分成 8 组，分别是系统和安全、用户账户、网络和 Internet、外观和个性化、硬件和声音、时钟和区域、程序、轻松使用。每个分组中又具体分为很多功能选项。

（1）系统和安全。主要用来查看并更改系统和安全状态，备份并还原文件和系统设置，更新计算机，查看 RAM 和处理器速度，检查防火墙等。

（2）用户账户。主要用来更改用户账户设置和密码，设置家长控制等。

（3）网络和 Internet。主要用来检查网络状态并更改设置，设置共享文件和计算机的首选项，配置 Internet 显示和连接等。

（4）外观和个性化。主要用来更改桌面项目的外观、应用主题或屏幕保护程序到计算机，或自定义"开始"菜单和任务栏等。

（5）硬件和声音。主要用来添加或删除打印机和其他硬件，更改系统声音，自动播放 CD，节省电源，更新设备驱动程序等。

（6）时钟和区域。主要用来为计算机更改时间、日期、时区、使用的语言，以及货币、日期、时间显示的方式等。

（7）程序。主要用来卸载程序或 Windows 功能，卸载小工具，从网络或通过联机获取新程序等。

（8）轻松使用。主要用来为满足视觉、听觉和移动能力的需要调整计算机设置，并通过声音命令使用语音识别控制计算机等。

实验实训 4　Word 2016 文档编辑与管理

实 验 目 的

学会文字处理软件 Word 2016 的使用，掌握常用文档格式的编辑与排版。

---□ **任务 1　创建和排版文档** □---

任务目的

（1）熟悉 Word 2016 的界面与基本操作。

（2）掌握文档的创建与编辑操作。

（3）学会排版文档。

任务描述

（1）启动 Word 2016，输入文本并设置格式，如图 4-1 所示。

（2）将此文件以"健康情况申报卡.docx"为名保存到 D 盘。

（3）在文档开头输入"附件"，并添加一个空段落，如图 4-2 所示。

（4）将文档另存为"员工健康申报卡.docx"并放到桌面。

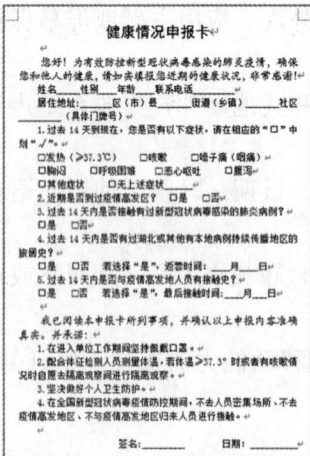

图 4-1　文档内容与格式　　　　图 4-2　修改内容后的文档

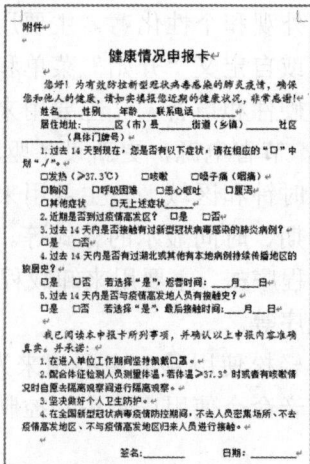

★ 方法与步骤

（1）启动 Word 2016。单击"开始"按钮，在弹出的菜单中选择"Word 2016"命令，启动 Word 2016。

（2）输入文档内容。按照示例文档中的内容输入文字和符号。在"开始"选项卡中单击"字体"组的"下画线"按钮可输入下画线；在"插入"选项卡中单击"符号"组的"符号"按钮，从弹出的菜单中选择"其他符号"命令，打开"符号"对话框，可输入特殊符号，如图 4-3 所示。

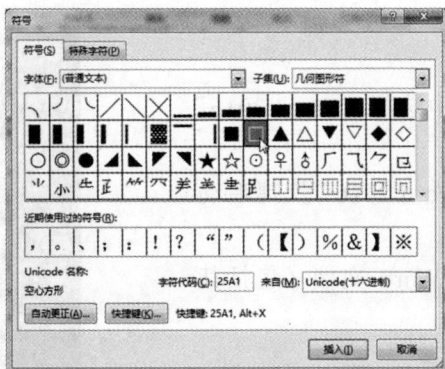

图 4-3　"符号"对话框

（3）设置文档格式。使用"开始"选项卡的"字体"组中的工具将标题设置为二号黑体字，将"您好！……"和"我已阅读……"段落设置为三号楷体字，其他段落文本设置为四号宋体字；使用"开始"选项卡的"段落"组中的工具将标题设置为居中对齐，最后的签名段落设置为右对齐，其他段落设置为首行缩进 2 字符，两端对齐。

（4）保存文件。选择"文件"|"保存"命令，切换到"另存为"页面，单击"浏览"图标，打开"另存为"对话框，在左侧窗格中选择"本地磁盘（D:）"，在"文件名"下拉列表框中输入"健康情况申报卡"，在"保存类型"下拉列表框中选择"Word 文档"选项，单击"保存"按钮，如图 4-4 所示。

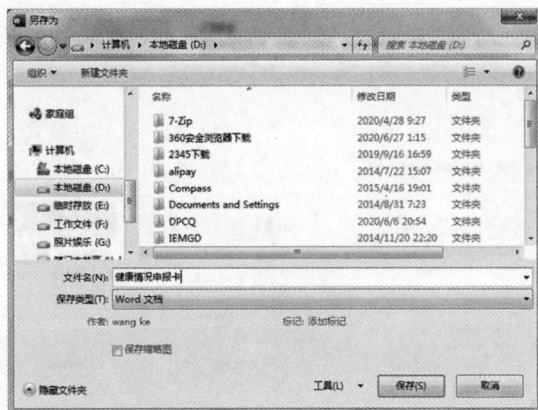

图 4-4　"另存为"对话框

（5）插入文本。将光标放在文档开头，按"Enter"键在文档开头添加一个空段落，输入"附件"，将其设置为三号黑体，左对齐。

（6）再次保存文件。单击快速访问工具栏中的"保存"按钮，保存修改。

（7）另存文件。选择"文件"|"另存为"命令，打开"另存为"对话框，单击"浏览"图标，指定保存位置为桌面，文件名为"员工健康申报卡"，保存类型为"Word文档"，单击"保存"按钮。

相关知识与技能

1. 启动 Word 2016

（1）在"开始"菜单中选择"Word 2016"命令，如图 4-5 所示。

（2）双击桌面上的"Word 2016"快捷启动图标。

（3）双击打开原有的 Word 文档（包括其他版本 Word 生成的文档）。

2. 新建文档

（1）选择"文件"|"新建"命令，打开"新建"窗口。在"新建"窗口中选择并单击要创建的文档的类型图标，如图 4-6 所示。

图 4-5　通过"开始"菜单启动 Word 2016

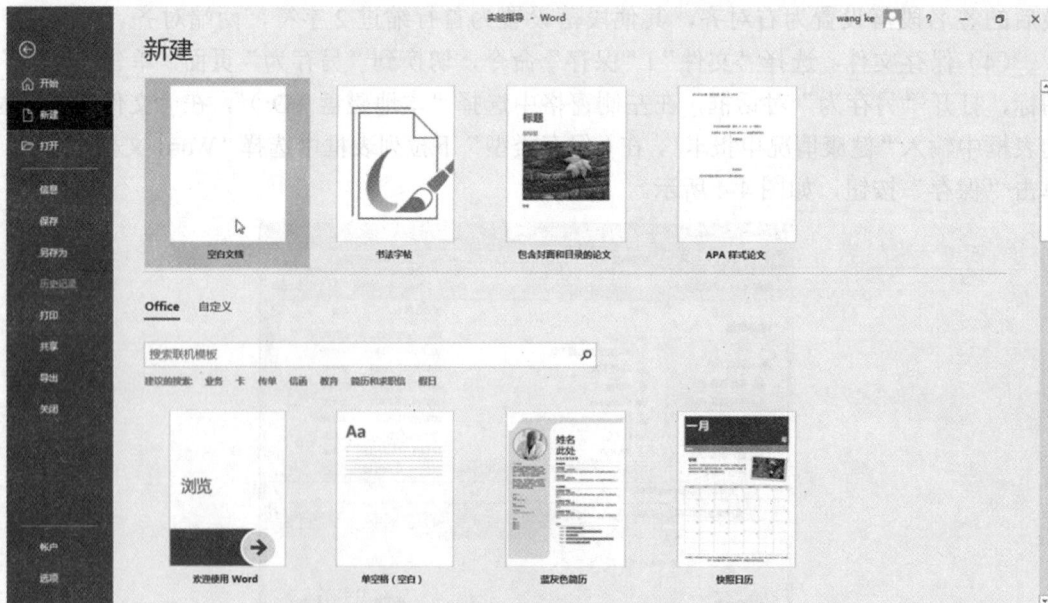

图 4-6　"新建"窗口

（2）在快速访问工具栏中单击"新建空白文档"图标。

（3）按"Ctrl+N"组合键。

3. 打开文档

转到"文件"选项卡，然后在打开的界面中选择"打开"命令，可以看到右侧列出了最近使用过的文档，单击某个文档名称即可快速打开相应的文档，如图4-7所示。

图4-7 通过"打开"命令打开最近使用过的文档

如果在最近使用过的文档中找不到所需的文档，可以在左侧单击"浏览"按钮，在弹出的对话框中找到该文档所在的位置，单击"打开"按钮即可。

4. 文本的输入与修改

（1）输入文字。

输入文本前，首先要确定光标的位置，然后再输入文字。当光标到达右边距时，系统会自动换行，当一个段落结束，要开始新的段落时，应按"Enter"键创建一个新段落。

（2）定位光标。

在文本输入过程中可以移动鼠标至文档的任意位置再单击鼠标，即可改变光标位置，在新的位置输入文本。

（3）插入和改写状态。

Word 的默认状态为"插入"状态，按"Insert"键或单击状态栏中的"改写/插入"按钮可在两种状态之间切换。在处于"插入"状态时，将光标移动到需要修改的位置后面，按一次"Backspace"键可删除光标当前位置前面的一个字符，再输入新的内容；若当前处于"改写"状态，则将光标移动到需要修改的位置前面，所输入的新文本会替换原来相应位置上的文本。

（4）打字指法。

① 基准键。

基准键共有 8 个，左边的 4 个键是 A、S、D、F，右边的 4 个键是 J、K、L、;。操作时，左手小拇指放在 A 键上，无名指放在 S 键上，中指放在 D 键上，食指放在 F 键上；右手小拇指放在;键上，无名指放在 L 键上，中指放在 K 键上，食指放在 J 键上。

② 键位分配。

提高输入速度的途径和目标之一是实现盲打（即击键时眼睛不看键盘，而是看稿纸或屏幕），为此要求每一个手指所击打的键位是固定的，如图 4-8 所示。左手小拇指管辖 Z、A、Q、1 键；无名指管辖 X、S、W、2 键；中指管辖 C、D、E、3 键；食指管辖 V、F、R、4 键；右手四个手指管辖范围以此类推，两手的拇指负责空格键；B、G、T、5 键，N、H、Y、6 键也分别由左手、右手的食指管辖。

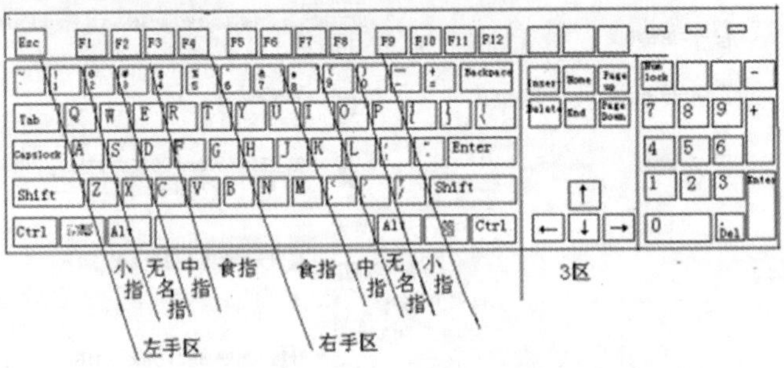

图 4-8　指法键位分配

③ 指法。

操作时，两手各手指自然弯曲、悬腕放在各自的基准键位上，眼睛看稿纸或显示器屏幕。输入时手略抬起，只有需击键的手指可伸出击键，击键后手形恢复原状。在基准键以外击键后，要立即返回到基准键。基准键 F 键与 J 键下方各有一凸起的短横作为标记，供"回归"时触摸定位。双手的八个指头一定要分别轻轻放在 A、S、D、F、J、K、L、; 8 个基准键位上，两个大拇指轻轻放在空格键上。

4. 文本的选择、复制、移动、删除

（1）文本的选择。

① 键盘选择。

按　　键	作　　用
Shift + Home	选定内容扩展至行首
Shift + End	选定内容扩展至行尾
Shift + PageUp	选定内容向上扩展一屏
Shift + PageDown	选定内容向下扩展一屏
Ctrl + Shift + Home	选定内容扩展至文档开始处
Ctrl + Shift + End	选定内容扩展至文档结尾处
Ctrl + A	选定整个文档

② 鼠标选择。

要选的文本	操作方法
任意连续文本	在文本起始位置按鼠标左键，并拖过这些文本
一个单词	双击该单词
一行文本	单击该行左侧的选定区
一个段落	双击选定区，或在段内任意位置三击
矩形区域	将鼠标指针移到该区域的开始处，按住"Alt"键，拖动鼠标到结尾处
不连续的区域	先选定第一个文本区域，按住"Ctrl"键，再选定其他的文本区域
整个文档	选择"编辑"|"全选"命令

（2）文本的复制。

① 选定文本，在"开始"选项卡中单击"剪贴板"组的"复制"按钮，或者按"Ctrl+C"组合键，再将光标定位在要粘贴的位置，在"开始"选项卡中单击"剪贴板"组的"粘贴"按钮，或者按"Ctrl+V"组合键。

② 选定文本，按住"Ctrl"键，当鼠标指针变成箭头形状时，拖动鼠标到目标位置。

（3）文本的移动。

① 选定文本，按住鼠标左键，将该文本块拖动到目标位置。

② 选定文本，在"开始"选项卡中单击"剪贴板"组的"剪切"按钮，或者按"Ctrl+X"组合键，再将光标定位在要移动的位置，在"开始"选项卡中单击"剪贴板"组的"粘贴"按钮，或者按"Ctrl+V"组合键。

（4）文本的删除。

① 选取文本，按"Backspace"键或"Delete"键。

② 按"Backspace"键可删除光标左边的一个字符；按"Delete"键可删除光标右边的一个字符。

5.　项目符号和编号

（1）创建项目符号列表。

将光标定位在要创建列表的开始位置，在"开始"选项卡中单击"段落"组的"项目符号"按钮右侧的下三角按钮，从弹出的"项目符号库"下拉列表中选择项目符号即可在选定段落前添加相应项目符号。也可以选择"定义新项目符号"命令，打开"定义新项目符号"对话框，设置其他样式的项目符号，如图4-9所示。

（2）创建编号列表。

将光标定位在要创建列表的开始位置，在"开始"选项卡中单击"段落"组的"编号"按钮右侧的下三角按钮，弹出"编号库"下拉列表，选择编号的格式即可为选定段落编号。也可选择"定义新编号格式"命令，打开"定义新编号格式"对话框，定义新的编号样式、格式以及编号的对齐方式，如图4-10所示。

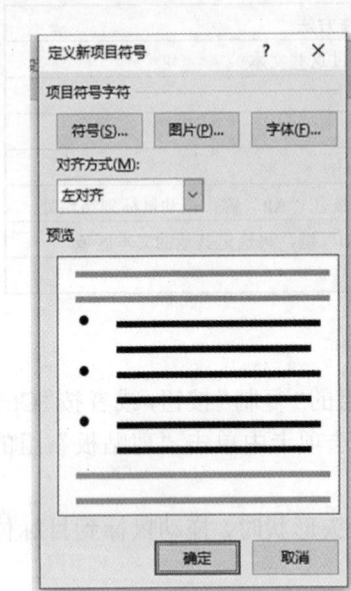

图 4-9　"定义新项目符号"对话框　　　图 4-10　"定义新编号格式"对话框

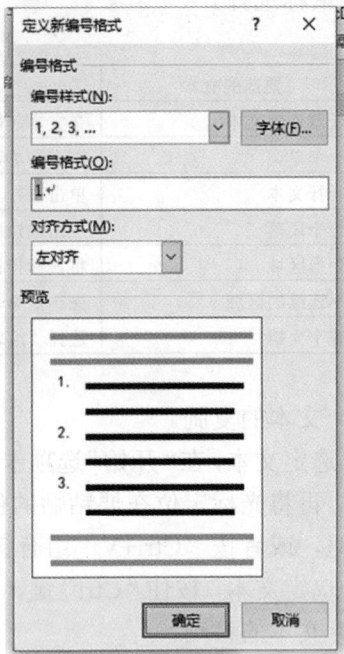

6. 设置字符格式

（1）设置字体：在"开始"选项卡中单击"字体"组中右下角的控件 ⌐，打开"字体"对话框。在"中文字体"或"西文字体"下拉列表中，选择所需的字体，如图 4-11 所示。

（2）设置字号：在"开始"选项卡中展开"字体"组的"字号"下拉列表，选择所需的字号。

（3）设置字形：在"开始"选项卡中单击"字体"组的"加粗" **B**、"倾斜" *I*、"下画线" U 按钮。

（4）设置字体颜色：在"开始"选项卡中单击"字体"组的"字体颜色"按钮 **A** · 右侧的下三角按钮，在该下拉列表中选择需要的颜色。

7. 设置段落格式

（1）段落对齐。

① 在"开始"选项卡中单击"段落"组的"文本左对齐" ≡、"居中" ≡、"文本右对齐" ≡、"两端对齐" ≡、"分散对齐"按钮 ≡。

② 在"开始"选项卡中单击"段落"组右下角控件 ⌐，打开"段落"对话框，在"常规"选项组中可设置段落的对齐方式，还可以在"大纲级别"下拉列表中设置段落的级别，如图 4-12 所示。

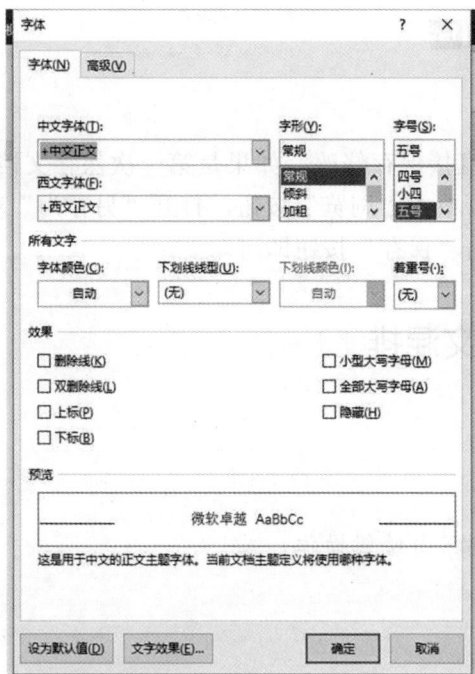

图 4-11 "字体"对话框

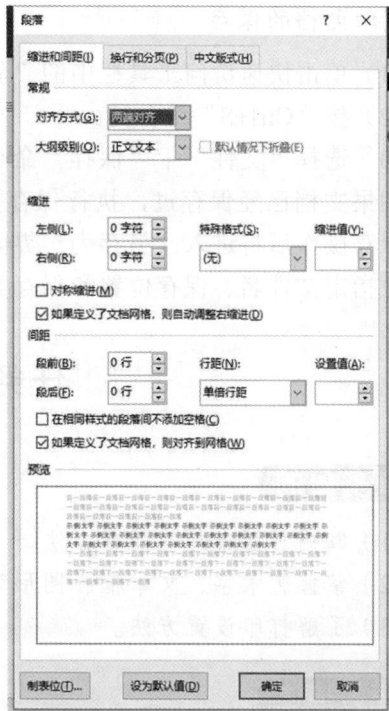

图 4-12 "段落"对话框

（2）段落缩进。

① 选定段落，在"视图"选项卡中选中"显示"组的"标尺"复选框显示标尺，在水平标尺上拖动首行缩进、悬挂缩进、左缩进或右缩进滑块，即可改变当前段落的缩进位置，如图 4-13 所示。

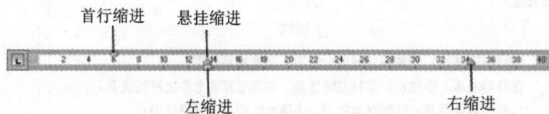

图 4-13 水平标尺

② 打开"段落"对话框，在"缩进"选项组中可设置段落的左缩进、右缩进、悬挂缩进和首行缩进，在其后的微调框中设置具体的数值。

（3）设置行间距。

① 选定要设置行间距的文本，在"开始"选项卡中单击"段落"组的"行距"按钮，从弹出的下拉列表中选择合适的行距。

② 打开"段落"对话框，在"间距"选项组中的"行距"下拉列表中设置行间距，在其后的微调框中设置具体的数值。

（4）设置段落间距。

打开"段落"对话框，在"段前"和"段后"微调框中分别设置距前段距离和距后段距离。

8. 文档的保存

（1）单击快速访问工具栏中的"保存"按钮 ![保存图标]。

（2）按"Ctrl+S"组合键。

（3）选择"文件"｜"保存"命令。

如果文档已经保存过，执行保存操作后将直接保存修改。如果是第一次保存文档，执行保存操作后将进入"另存为"界面，此时可单击"浏览"按钮，打开"另存为"对话框，指定文件名、保存位置和保存类型后单击"保存"按钮即可。

─□ 任务 2　图文混排 □─

任务目的

（1）掌握页面布局的设置方法。

（2）掌握艺术字、文本框、图形和图片的插入与编辑操作。

（3）了解打印设置方法。

任务描述

（1）打开"员工健康申报卡.docx"文档，在文档开始输入如图 4-14 所示的内容。

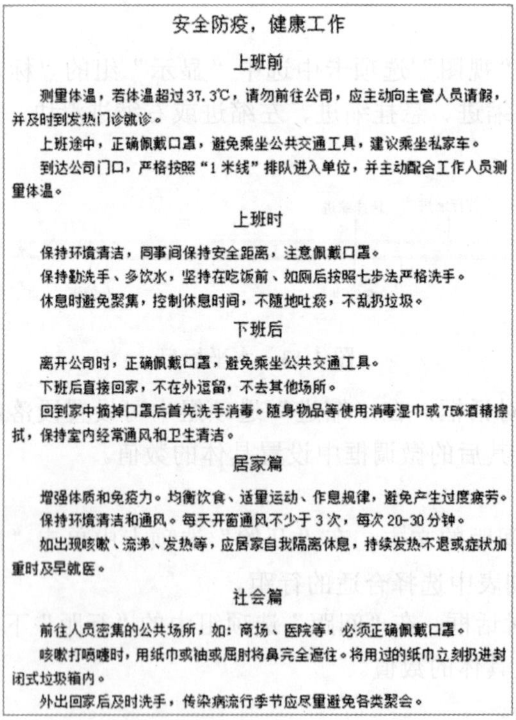

图 4-14　输入内容

（2）将标题设置为艺术字。

（3）插入和编辑图片。

（4）绘制和编辑图形。

（5）设置对称页边距，装订线为 0.5 厘米。

（6）预览打印效果，并设置只打印文档第 3 页。完成后的文档效果如图 4-15 所示。

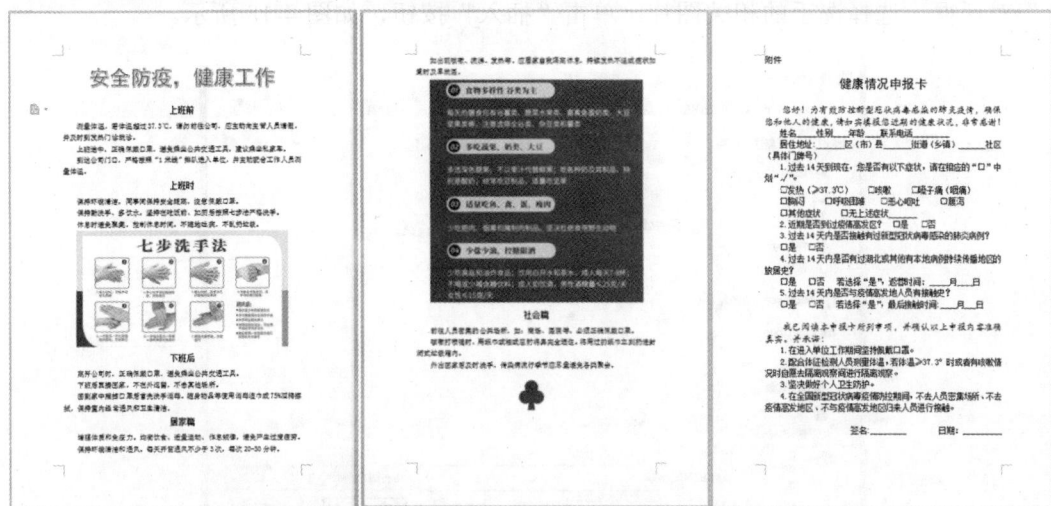

图 4-15　完成后的文档效果

★ 方法与步骤

（1）输入文本。

（2）设置文本格式。设置标题文本为三号黑体，段落居中，行距 3.0；设置小标题为四号宋体，段落居中，行距 2.0；设置正文文本为小四号宋体，首行缩进 2 字符，段落分散对齐。

（3）插入艺术字。选择标题文本，在"插入"选项卡中单击"文本"组的"艺术字"按钮，从弹出的面板中选择第 3 行中间的艺术字样式，如图 4-16 所示。此时标题文本会自动变为艺术字，且同时更改文字环绕方式，如图 4-17 所示。

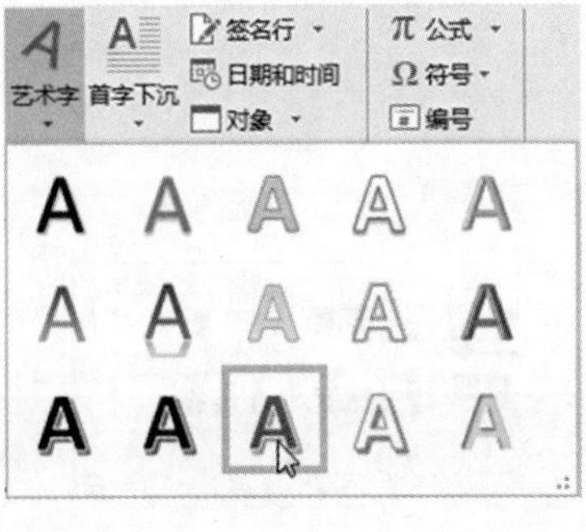

图 4-16　"艺术字"弹出面板

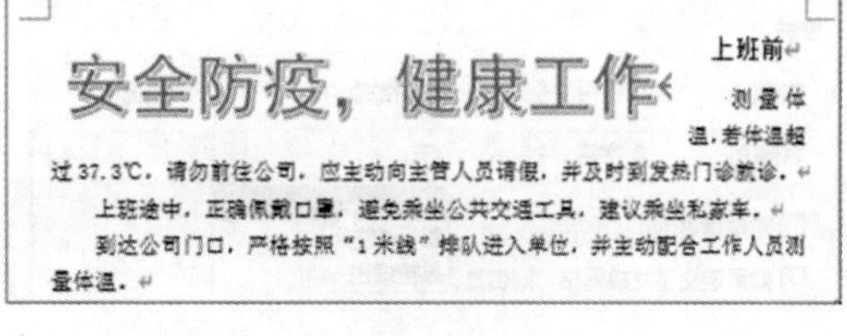

图 4-17　将标题更改为艺术字

（4）设置艺术字格式。选择艺术字，切换到绘图工具的"格式"选项卡，单击"排列"组的"环绕文字"按钮，从弹出的菜单中选择"嵌入型"命令。将光标放在艺术字与正文文本"上班前"之间，按"Enter"键分段。

（5）插入图片。将光标放在"上班时"的"不乱扔垃圾"段落后面，按"Enter"键插入一个新段落，在"插入"选项卡中单击"插图"组的"图片"按钮，打开"插入图片"对话框，选择洗手的相关图片，单击"插入"按钮，如图 4-18 所示。

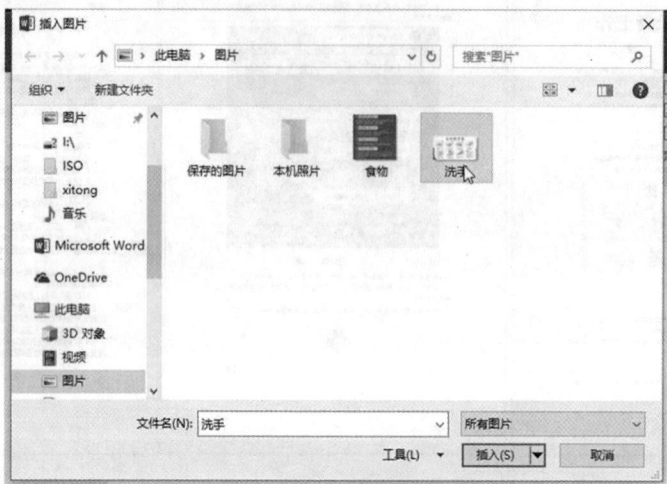

图 4-18　"插入图片"对话框

（6）设置图片格式。选择插入的图片，在"开始"选项卡中单击"段落"组的"行和段落间距"按钮，从弹出的菜单中选择"1.0"命令。单击"段落"组右下角的控件，打开"段落"对话框，在"缩进和间距"选项卡的"缩进"选项组中展开"特殊"下拉列表，选择"（无）"命令，如图 4-19 所示。切换到图片工具的"格式"选项卡，在"大小"组的"宽度"框中输入"13 厘米"，按"Enter"键，按比例更改图片大小，如图 4-20所示。在"开始"选项卡中单击"段落"组的"居中"按钮。

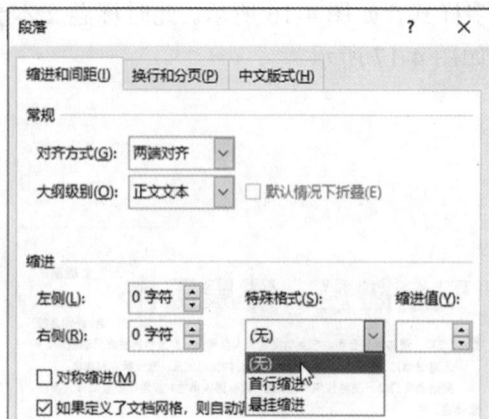

图 4-19　设置首行缩进

图 4-20　更改图片大小

（7）参照步骤（3）和步骤（4）在"居家篇"正文后面插入食物相关图片，并设置图片的位置、缩进、大小和对齐方式。

（8）绘制图形。将光标放在防疫知识文本和"附件"段落之间的空段落中，添加几个空段落，然后在"插入"选项卡中单击"插图"组的"形状"按钮，从弹出的面板中选择"椭圆"图标，按住"Shift"键在空段落处绘制一个小正圆形。选择该圆形，按"Ctrl+C"组合键，再按两次"Ctrl+V"组合键，复制两个小正圆形，将它们拖动到合适位置使之与原来的小正圆形组成一个品字形，如图 4-21 所示。再次单击"插图"组的"形状"按钮，从弹出的面板中选择"梯形"图标，在 3 个圆形组成的图案正下方绘制一个小梯形，如图 4-22 所示。

图 4-21　将圆形组成品字形　　　　图 4-22　在圆形正下方绘制梯形

（9）设置图形格式。选择任意一个图形，切换到绘图工具的"格式"选项卡，单击"形状样式"组的"形状填充"按钮，从弹出的面板中选择"蓝色"；再单击"形状样式"组的"形状轮廓"按钮，从弹出的面板中选择"蓝色"。设置后依次选择其他图形，并分别单击"形状填充"和"形状轮廓"图标，将所有图形设置为同一颜色。

（10）编辑图形。按住"Shift"键分别单击每一个图形，选定所有图形，在绘图工具的"格式"选项卡中单击"排列"组的"组合"按钮，从弹出的菜单中选择"组合"命令，将其组合为一个图形。单击"排列"组的"对齐"按钮，在弹出的菜单中确保启用了"对齐边距"命令（前面打勾）的情况下选择"水平居中"命令。

（11）设置页边距。在"布局"选项卡中单击"页面设置"组的"页边距"按钮，从弹出的菜单中选择"自定义边距"命令，打开"页面设置"对话框的"页边距"选项卡，在"多页"下拉列表中选择"对称页边距"选项，再在"装订线"微调框中输入"0.5 厘米"，单击"确定"按钮，如图 4-23 所示。

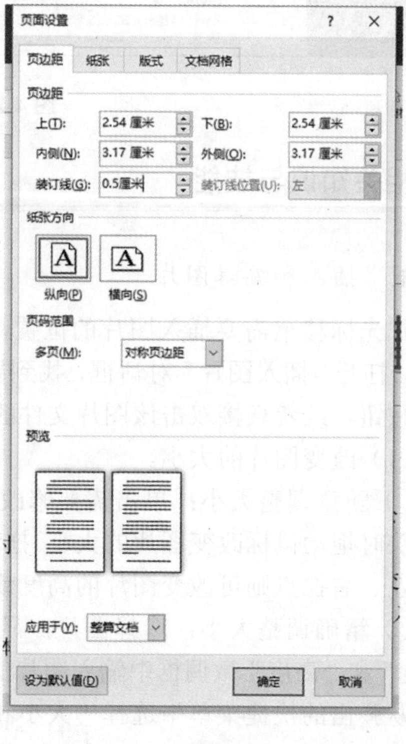

图 4-23　"页面设置"对话框的"页边距"选项卡

（12）打印设置和打印预览。选择"文件"｜"打印"命令，切换到"打印"窗口，在"打印范围"下拉列表中选择"自定义打印范围"选项，然后在其下方的"页数"文本框中输入"3"。在打印预览窗格中单击下一页按钮"▶"，翻到第 3 页预览打印效果，如图 4-24 所示。

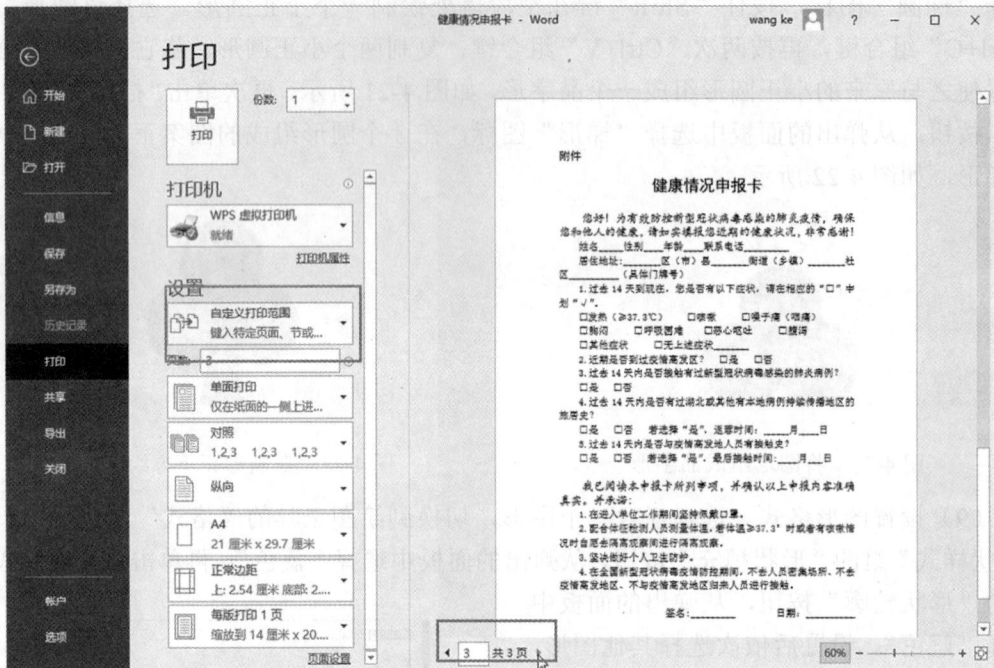

图 4-24　"打印"窗口

✎ 相关知识与技能

1. 插入和编辑图片

把光标移至需要插入图片的位置，在"插入"选项卡中单击"插图"组的"图片"按钮，打开"插入图片"对话框，找到要插入图片的位置和文件名，选取文件后单击"插入"按钮，或者直接双击该图片文件的缩略图即可完成插入。

（1）改变图片的大小。

① 随意调整大小：单击需要修改的图片，将指针移至控点上，当指针形状变成双向箭头时拖动鼠标改变图片的大小。拖动对角线上的控点可将图片按比例缩放，拖动上、下、左、右控点则可改变图片的高度或宽度。

② 精确调整大小：选择图片，显示图片工具，在"格式"选项卡的"大小"组的"宽度"和"高度"微调框中输入图片的宽度值和高度值。也可以右键单击需要修改的图片，从弹出的快捷菜单中选择"大小和位置"命令，打开"布局"对话框，切换到"大小"选项卡，在"高度"和"宽度"微调框中设置图片的绝对大小，如图 4-25 所示。

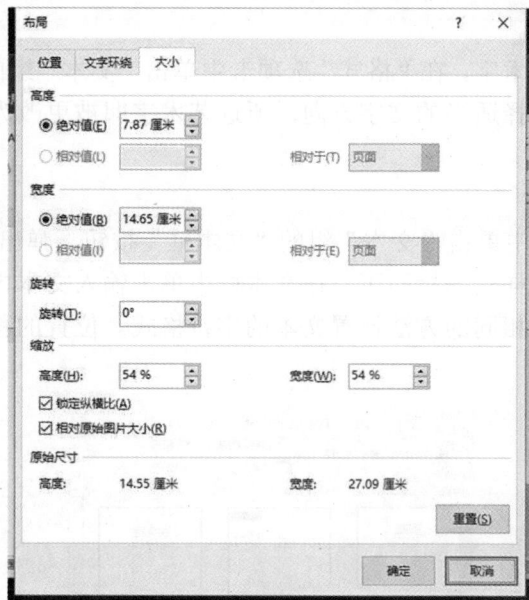

图 4-25　"布局"对话框的"大小"选项卡

（2）设置环绕文字。

① 双击需要设置的图片，在图片工具的"格式"选项卡中单击"排列"组的"环绕文字"按钮，在弹出的下拉菜单中选择环绕方式。

② 右键单击需要设置的图片，从弹出的快捷菜单中选择"环绕文字"命令，选择环绕方式。

（3）移动图片。

单击需要拖动的图片，当指针变成 形状时，将图片拖动到合适的区域。

2．插入和编辑艺术字

在"插入"选项卡中单击"文本"组的"艺术字"按钮，在弹出的下拉菜单中选择一种艺术字样式，然后在艺术字占位符中输入文字即可插入艺术字。如果在执行插入操作前选择了文字，则该文字即会变成艺术字。

（1）编辑艺术字的颜色。

选中需要设置的艺术字，在"格式"选项卡中单击"艺术字样式"组的"文本填充"按钮，在弹出的下拉菜单中选择一种颜色，所选艺术字的填充颜色即被更改为该颜色。如果"主题颜色"和"标准色"都不能达到理想的效果时，可使用"渐变"中的效果来填充艺术字，以达到理想的效果。

在"格式"选项卡中单击"艺术字样式"组的"文本轮廓"按钮，可以设置艺术字的轮廓颜色，设置方法与文本填充相同。

（2）编辑艺术字的环绕方式。

选中需要设置的艺术字，在"格式"选项卡中单击"排列"组的"环绕文字"按钮，在弹出的多种环绕方式中选择一种环绕方式，所选艺术字即被更改为该环绕方式。

（3）改变文字方向。

单击需要设置的艺术字，在"格式"选项卡中单击"文本"组的"文字方向"按钮，在弹出的下拉菜单中选择适当的文字方向，所选艺术字即被更改为该文字方向。

3. 插入文本框

在"插入"选项卡中单击"文本"组的"文本框"按钮，弹出如图 4-26 所示的下拉菜单，单击一种文本框样式图标即可。在文本框中单击输入文本内容，适当调整文本框的大小，用和正文文本相同的方法设置文本的字符格式。位置的移动和边框的设置与图片的设置方法类似。

图 4-26   "文本框"下拉菜单

4. 绘制图形

（1）插入图形：在"插入"选项卡中单击"插图"组的"形状"按钮，弹出"形状"下拉菜单，在其中选择一种形状，然后在文档中需要插入形状的位置处单击并拖动鼠标。

（2）更改图形层次：在文档中绘制了多个形状后，形状会按照绘制次序自动层叠。要改变它们原来的层叠次序，方法是右键单击需要编辑的形状，从弹出的快捷菜单中选择"置于顶层"或"置于底层"子菜单中的命令，如图 4-27 所示。

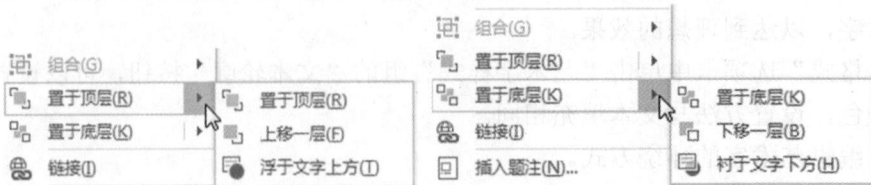

图 4-27   "置于顶层"子菜单（左）和"置于底层"子菜单（右）

（3）组合图形：选择一个形状后，在按住"Ctrl"键的同时单击其他形状，这样同时选择了多个形状。右键单击选中的形状，从弹出的快捷菜单中选择"组合"｜"组合"命令。如果要取消组合形状，则选择"组合"｜"取消组合"命令。

5．打印文档

（1）打印预览：选择"文件"｜"打印"命令，跳转到"打印"页面，在页面左侧可以设置打印选项，在页面右侧可以预览打印效果。

（2）打印设置：在 Word 中有多种打印方式，用户可以按指定范围打印文档，还可以打印多份或多篇文档。此外，Word 2016 还提供了可缩放文件打印方式。

（3）打印文档：设置好打印选项后，在"打印"页面的选项栏上方单击"打印机"按钮，从弹出的下拉列表中选择已连接的打印机，然后单击"打印"按钮，即可启动打印机，开始打印。

——□ 任务 3　长文档格式编排 □——

任务目的

学会使用样式；掌握分隔符的使用方法；学会设置页眉、页脚；学会自动生成目录。

任务描述

（1）打开"健康情况申报卡.docx"文档，将小标题和附件设置为标题样式，然后利用导航窗格浏览文档。

（2）将宣传内容和附件分为两节。

（3）为第一节内容设置页眉和页脚。

（4）自动提取目录。

★ 方法与步骤

1．设置标题样式

打开"健康情况申报卡.docx"文档，选择"上班前"段落，在"开始"选项卡中的"样式"组中选择"标题"选项，如图 4-28 所示。

图 4-28　设置标题样式

2. 复制格式

（1）选中已设置样式的"上班前"段落，在"开始"选项卡中双击"剪贴板"组的"格式刷"按钮。

（2）用刷子状指针刷过"上班时""下班后""居家篇""社会篇"这几个段落文本，将格式复制到这些段落上。

（3）在"视图"选项卡中选中"显示"组的"导航窗格"复选框，显示导航窗格，在导航窗格中单击其中的标题跳转到相应内容，如图 4-29 所示。

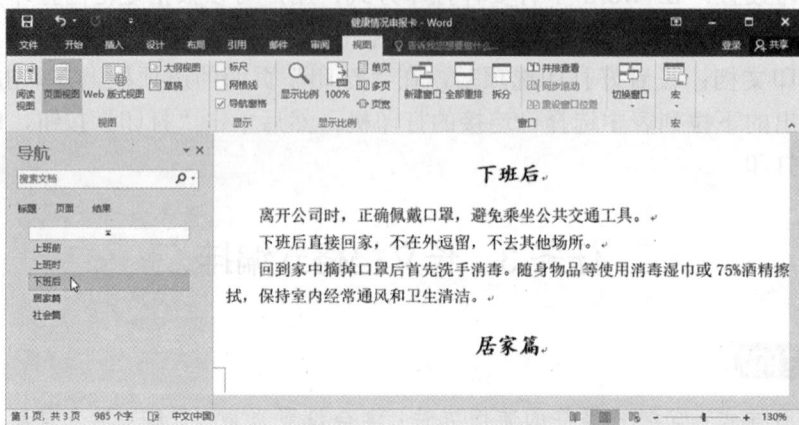

图 4-29　利用导航窗格在文档中跳转

3. 分节

（1）将光标放在"附件"前面，按"Backspace"键删除本页页首的空段落，然后在"布局"选项卡中单击"页面设置"|"分隔符"按钮，从弹出的菜单中选择"下一页"命令，插入一个分节符。

（2）在"视图"选项卡中单击"视图"组的"草稿"按钮切换到草稿视图，在其中查看分隔符，如图 4-30 所示。查看后单击"视图"|"页面视图"按钮返回页面视图。

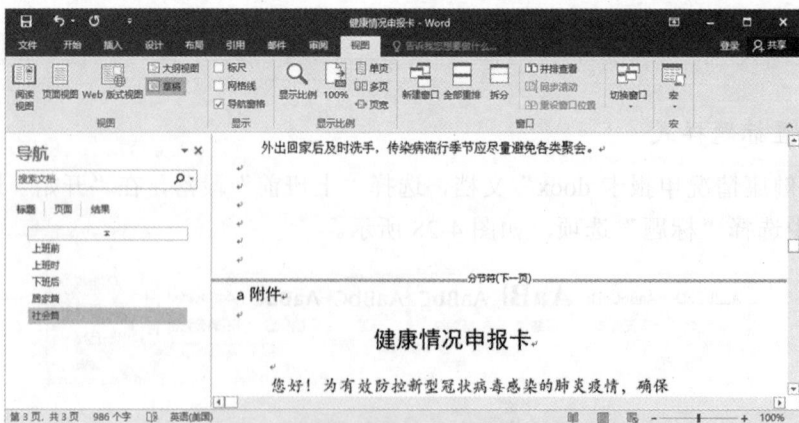

图 4-30　在草稿视图中查看分隔符

4．插入页眉

（1）将光标放在第一页中，在"插入"选项卡中单击"页眉和页脚"组的"页眉"按钮，从弹出的面板中选择"编辑页眉"命令，使页眉区域进入编辑状态，同时功能区中会切换到页眉和页脚工具的"设计"选项卡。

（2）在"设计"选项卡中选中"选项"组的"奇偶页不同"复选框，然后在页眉区域输入"防疫手册"。

（3）在"设计"选项卡中单击"导航"组的"下一节"按钮，跳转到第二节中，单击"导航"组的"链接到前一条页眉"按钮，取消其按下状态，然后删除第二节的页眉。

（4）单击"导航"组的"上一节"按钮，返回第一节，切换到第二页页眉处，输入"安全常识"。

5．插入页脚和页码

（1）在"设计"选项卡中单击"导航"组的"转至页脚"按钮，跳转到页脚处，删除现有的页码。

（2）在"设计"选项卡中单击"页眉和页脚"组的"页码"按钮，从弹出的菜单中选择"当前位置"组的"普通数字"命令。

（3）翻到第一页，在"开始"选项卡中单击"段落"组的"右对齐"按钮，然后输入"1"。

（4）翻到第二页，选中当前页码，在"设计"选项卡中单击"页眉和页脚"组的"页码"按钮，从弹出的菜单中选择"设置页码格式"命令，打开"页码格式"对话框，选中"续前节"单选按钮，单击"确定"按钮，如图 4-31 所示。

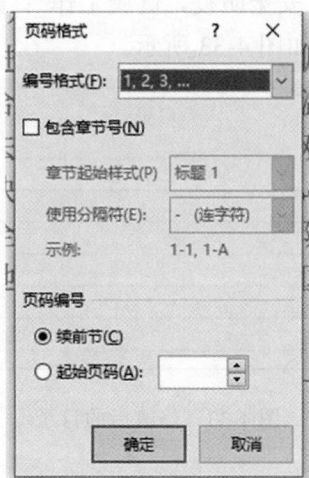

图 4-31　"页码格式"对话框

（5）在"设计"选项卡中单击"当前位置"组的"普通数字"按钮，插入页码。

（6）双击正文区域退出页眉和页脚编辑状态。

6. 提取目录

（1）选择艺术字标题所在段落，为其设置"标题"样式；选择"附件"段落，为其设置"标题 2"样式。

（2）将光标定位到文档开头，在"引用"选项卡中单击"目录"组的"目录"按钮，从弹出的菜单中选择"自动目录 1"选项，生成目录，如图 4-32 所示。

图 4-32　自动提取目录

（3）选择"目录"段落，使用"开始"选项卡中的工具将其设置为黑色，居中；删除目录中的艺术字，手动输入"安全防疫，健康工作"；删除"附件"前的空格，在其后面输入"：健康情况申报卡"，如图 4-33 所示。

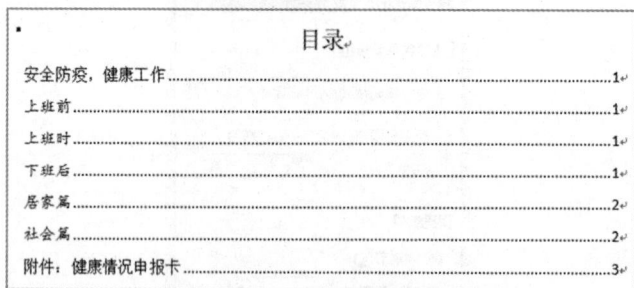

图 4-33　修改后的目录

✍ 相关知识与技能

1. 样式的设置

样式作为格式的集合，它可以包含几乎所有的格式，设置时只需选择某个样式，就能把其中包含的各种格式一次性设置到文字和段落上。

（1）管理样式：在"开始"选项卡中单击"样式"组右下角的控件，打开"样式"窗格，单击窗格底部的"管理样式"按钮，打开"管理样式"对话框。根据需要进行设置，完成后单击"确定"按钮，如图 4-34 所示。

（2）修改样式：选中要修改的样式，打开"管理样式"对话框，单击其中的"修改"按钮，打开"修改样式"对话框。在该对话框中可以修改样式的字体、字号和段落等，如图 4-35 所示。

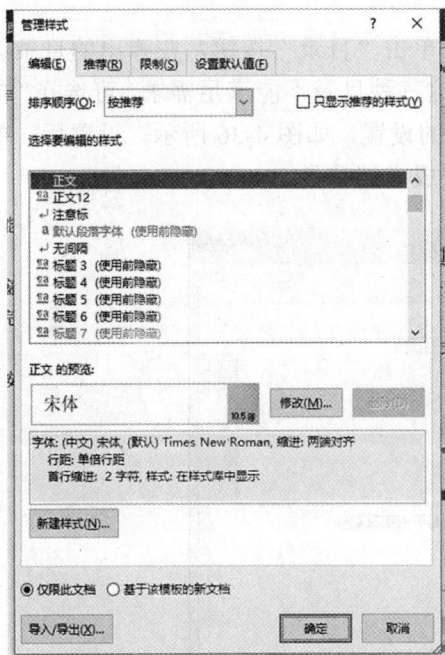

图 4-34　"管理样式"对话框　　　　　　图 4-35　"修改样式"对话框

（3）新建样式：在"样式"窗格底部单击"新建样式"按钮，打开"根据格式化创建新样式"对话框，可以创建新的样式。新建的样式会出现在样式列表中，需要使用时在样式库中选择该样式即可。

2.　分隔符

（1）插入分页符：将光标定位到需要分页的位置，在"页面布局"选项卡中单击"页面设置"组的"分隔符"按钮，从弹出的下拉菜单中选择"分页符"命令。

（2）分页：定位光标，在"插入"选项卡中单击"页面"组的"分页"按钮，结束当前页，插入一个新页。

（3）插入分节符：打开"分隔符"下拉菜单，选择"分节符"的任意一种分节符。

3.　插入页眉和页脚

（1）插入页眉：在"插入"选项卡中单击"页眉和页脚"组的"页眉"按钮，在弹出的下拉菜单中选择一种适当的页眉样式，或直接选择"编辑页眉"命令，光标将自动定位在页眉处，输入页眉内容，此时会自动显示页眉和页脚工具，其中包含一个"设计"选项卡，使用它可以设置页眉和页脚的格式。设置后，单击"关闭页眉和页脚"按钮即可退出页眉编辑状态，并隐藏页眉和页脚工具。

（2）插入页脚：插入页脚的操作过程与插入页眉的操作过程基本一致，所不同的是要在"插入"选项卡中单击"页眉和页脚"组的"页脚"按钮，进入页脚编辑状态。

4. 自动生成目录

确定要插入目录的位置，在"引用"选项卡中单击"目录"按钮，在弹出的目录面板中选择一种目录样式，即可自动生成目录。如果这三种目录不能满足需求，可选择"自定义目录"命令，打开"目录"对话框，进行所需的设置，如图 4-36 所示。设置后，单击"确定"按钮，即可在文档中的光标所在位置生成文档目录。

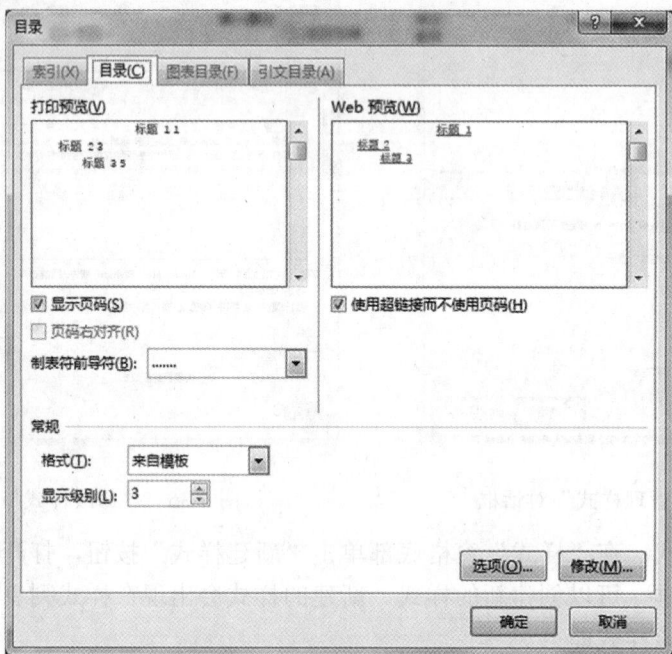

图 4-36 "目录"对话框

——□ 任务 4 表格的应用 □——

⚪ 任务目的

（1）掌握表格的创建与格式化方法。

（2）掌握文本和表格的转换方法。

任务描述

（1）打开"健康情况申报卡.docx"文档，在最后插入表格，并输入内容，如图4-37所示。

活动签到表			
活动：		时间：	
姓名	体温	电话	单位

图 4-37　表格内容示例

（2）将表格从第二行和第三行之间拆分为两个表格。

（3）将第一个表格转换成文字。

（4）设置第二个表格的边框和底纹格式。

（5）编辑表格的行和列。最终结果如图 4-38 所示。

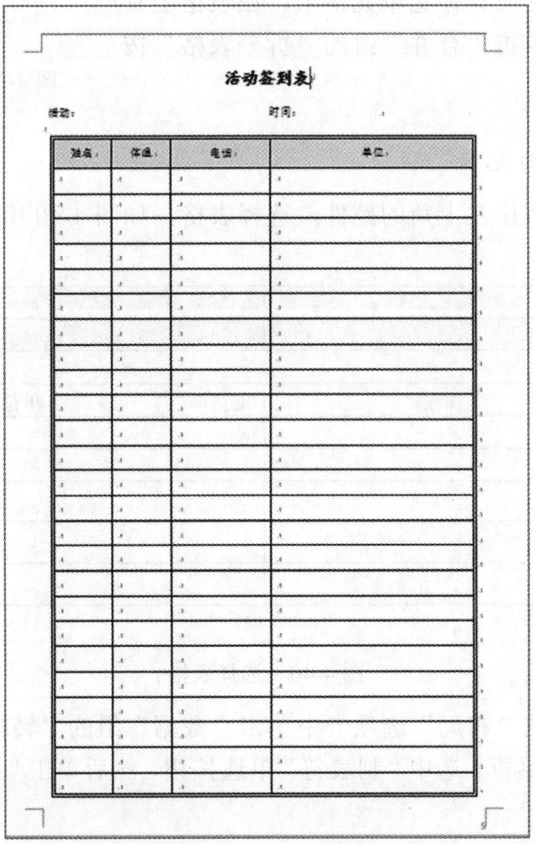

图 4-38　完成的表格

✦ 方法与步骤

1. 插入表格

（1）打开"健康情况申报卡.docx"文档，将光标放在文档最后，在"布局"选项卡中单击"页面设置"组的"分隔符"按钮，从弹出的菜单中选择"下一页"命令，分节并创建新页。

（2）在"开始"选项卡中单击"段落"组的"左对齐"按钮。

（3）在"插入"选项卡中单击"表格"组的"表格"按钮，在弹出的面板的示例表格中拖动，使列数为 4，行数为示例表格中的最大值，如图 4-39 所示。

（4）按照表格内容示例图中所示输入表格内容。

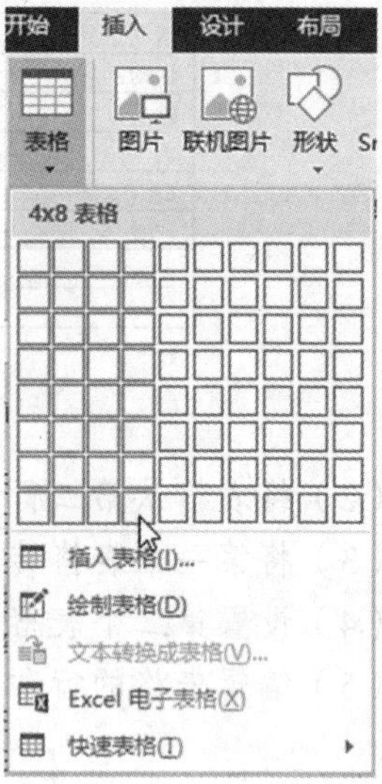

2. 拆分表格

将光标放在表格第三行任意单元格中，在表格工具的"布局"选项卡中单击"合并"组的"拆分表格"按钮，将表格一分为二。

图 4-39　在示例表格中拖动

3. 将表格转换为文本

（1）单击第一个表格左上角的控件，选择表格，如图 4-40 所示。

活动签到表			
活动：		时间：	

姓名	体温	电话	单位

图 4-40　选择表格

（2）在表格工具的"布局"选项卡中单击"数据"组的"转换为文本"按钮，打开"表格转换成文本"对话框，选中"制表符"单选按钮，然后单击"确定"按钮完成转换，如图 4-41 所示。

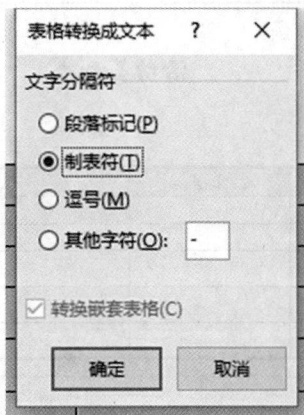

图 4-41　"表格转换成文本"对话框

（3）将"活动签到表"段落中的空格删除，并将该文字设置成楷体、加粗、三号、居中对齐。

4．设置表格格式

（1）选择现有的表格，在表格工具的"设计"选项卡中展开"边框"组的"笔样式"下拉列表，选择双实线，然后单击"边框"组的"边框"按钮下方的下三角按钮，从弹出的面板中选择"外侧框线"命令。

（2）将光标放在表格第一行左侧页边距中单击，选择该行，如图 4-42 所示。

姓名	体温	电话	单位

图 4-42　选择行

（3）在表格工具的"设计"选项卡中单击"表格样式"组的"底纹"按钮下方的下三角按钮，从弹出的面板中选择"蓝色，个性色 5，淡色 80%"。

（4）在表格第一行的选定状态下，切换到"开始"选项卡，单击"段落"组的"居中"按钮，使该行中数据在单元格中居中对齐。

5．编辑表格

（1）将光标放在表格内部的列边框上，当鼠标指针变成 ◀▮▶ 时拖动列边框，调整列宽，如图 4-43 所示。

图 4-43　调整列宽

（2）选中表格，在"开始"选项卡中单击"段落"组的"居中"按钮，使表格在页面中水平居中对齐。

（3）选择表格第一行，切换到表格工具的"布局"选项卡，在"单元格大小"组的"高度"微调框中输入"1 厘米"，按"Enter"键确认。选择表格其他行，在"单元格大小"组的"高度"微调框中输入"0.8 厘米"，按"Enter"键确认。

（4）在表格最后一个单元格中单击，按"Tab"键在表格下方插入一个新行。重复此操作直到表格占满整页。

相关知识与技能

1.　建立表格

（1）通过示例表格插入表格：将光标定位到要插入表格的位置，在"插入"选项卡中单击"表格"｜"表格"按钮，在弹出的面板中的表格区域拖动鼠标，当光标移动到相应的行和列时会在 Word 编辑区中显示出表格样式。一次最多可插入 10 列 8 行，如图4-44 所示。

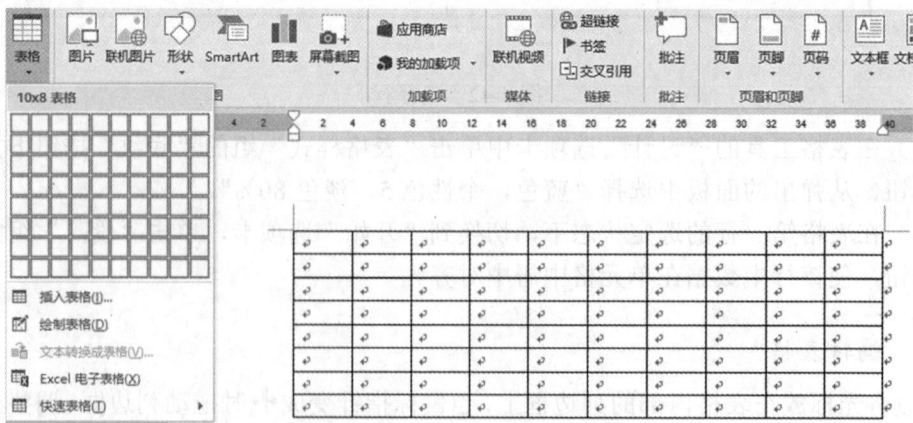

图 4-44　通过示例表格插入表格

（2）通过对话框插入表格：在"插入"选项卡中单击"表格"组的"表格"按钮，从弹出的面板中选择"插入表格"命令，打开"插入表格"对话框。通过"表格尺寸"选项组可以设置建立表格的列和行及其他属性，如图 4-45 所示。

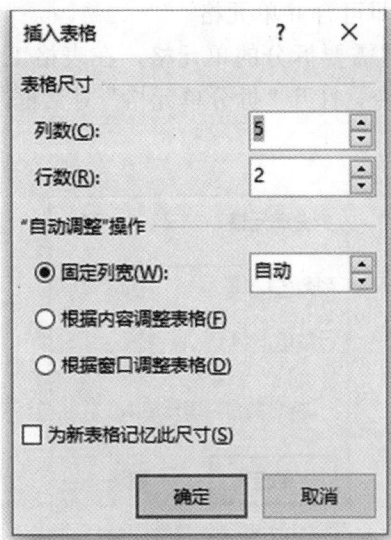

图 4-45　"插入表格"对话框

2. 表格的编辑与修改

（1）文字数据的录入和删除。

① 文字数据的录入：在表格中需要输入数据的单元格中单击定位光标，切换到要使用的输入法，即可录入数据。在表格中录入文字不能用"Enter"键，"Enter"键只能使行高加高。

② 文字数据的删除：选择包含要删除内容的单元格，按"Delete"键或"Backspace"键。

（2）表格、单元格、行、列的选择。

① 选择表格：将鼠标移动到表格上的时候，表格左上角会出现移动控制点，把鼠标移动到控制点上单击，即可选定表格。

② 选择单元格：每个单元格的左侧有一个选定栏，当鼠标移到选定栏时指针形状会变成向右上方的箭头，单击即可选定该单元格，利用鼠标拖动或者按住"Shift"键可以选定多个单元格。

③ 选择行：将鼠标指针移至行左侧，鼠标指针形状会变成向右上的箭头，单击即可选定当前行，按住鼠标左键不动纵向拖动鼠标可选择多行。

④ 选择列：将鼠标指针移至表格上方，鼠标指针形状会变成向下箭头，单击即可选定当前列，横向拖动鼠标可选择多列。

（3）表格的拆分。

选定表格需要拆分的位置，在表格工具的"布局"选项卡中选择"合并"｜"拆分表格"命令，即可将一个表格分成两个表格。

（4）单元格的合并与拆分。

① 单元格的合并：选定需要合并的若干单元格，在表格工具的"布局"选项卡中选择"合并单元格"命令，即可合并单元格。

② 单元格的拆分：选定需要拆分的单元格，在表格工具的"布局"选项卡中选择"合并"｜"拆分单元格"命令，打开"拆分单元格"对话框，设置行数和列数，单击"确定"按钮，如图 4-46 所示。

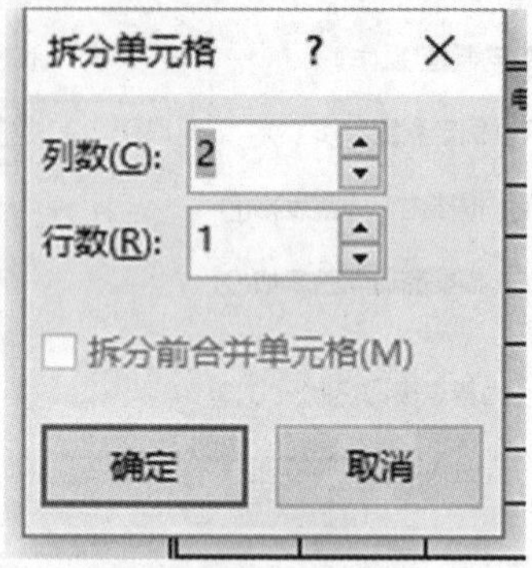

图 4-46　"拆分单元格"对话框

（5）插入行、列。

① 插入行：选定需要插入行的位置，在表格工具的"布局"选项卡中选择"行和列"｜"在上方插入（在下方插入）"命令，即可插入行。

② 插入列：选定需要插入列的位置，在表格工具的"布局"选项卡中选择"行和列"｜"在左侧插入（在右侧插入）"命令，即可插入列。

（6）调整表格。

① 自动调整表格：单击表格中的任意单元格，在表格工具的"布局"选项卡中选择"单元格大小"｜"自动调整"命令。

② 手动调整表格：将鼠标指针指向准备调整尺寸列的左边框或行的下边框，当鼠标指针呈现双竖线或双横线形状时，按住鼠标左键左右或上下拖动即可改变当前行或列的尺寸；选中某个单元格，然后拖动该单元格左边框可调整该单元格的尺寸；将鼠标指针指向表格右下角的控制点，当鼠标指针呈现双向的倾斜箭头时，按住鼠标左键拖动控制点调整表格的大小。在调整整个表格尺寸的同时，其内部的单元格将按比例调整尺寸。

（7）表格的对齐方式。

单击表格中的任意单元格，在表格工具的"布局"选项卡中选择"表"｜"属性"命令，打开"表格属性"对话框，在"表格"选项卡中根据实际需要选择对齐方式。如果选择"左对齐"选项，可以设置"左缩进"数值（与段落缩进的作用相同），如图 4-47 所示。

图 4-47　"表格属性"对话框

（8）表格的复制、移动、删除。

① 复制：选择整个表格后，用常规复制的方法进行操作即可。

② 移动：将鼠标移到表格左上角的控件上，按住鼠标左键并拖动至指定的位置。

③ 删除：选择整个表格后，在表格工具的"布局"选项卡中选择"行和列"｜"删除"命令，从弹出的菜单中选择"删除表格"命令。

（9）表格中数据的对齐方式。

选择要对齐的数据单元格，在表格工具的"布局"选项卡的"对齐方式"组中单击适合的对齐方式按钮。

3. 设置表格格式

（1）表格属性。

选中表格，在表格工具的"布局"选项卡中单击"表"组的"属性"按钮，打开"表格属性"对话框，可以对表格的行、列、单元格和表格进行属性设置。

（2）边框和底纹。

在 Word 表格中选中需要设置边框和底纹的单元格或整个表格，然后在表格工具的"设计"选项卡中单击"边框"组的"边框"按钮下方的下三角按钮，在弹出的菜单中选择"边框和底纹"命令，打开"边框和底纹"对话框，在"边框"选项卡中可设置表格的边框，在"底纹"选项卡中可设置表格的底纹，如图 4-48 所示。

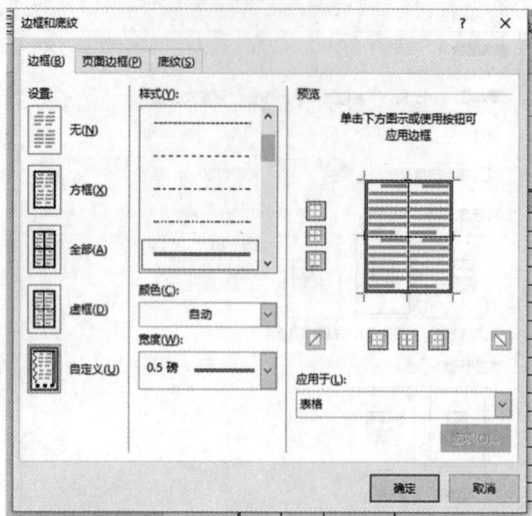

图 4-48　"边框和底纹"对话框

（3）自动套用格式。

① 使用预设样式：选择要修改的表格，在表格工具的"设计"选项卡中展开"表格样式"下拉列表，选择要使用的样式。

② 自定义表格样式：展开"表格样式"下拉列表，从中选择"修改表格样式"命令，打开"修改样式"对话框，根据需要设置所需格式，如图 4-49 所示。

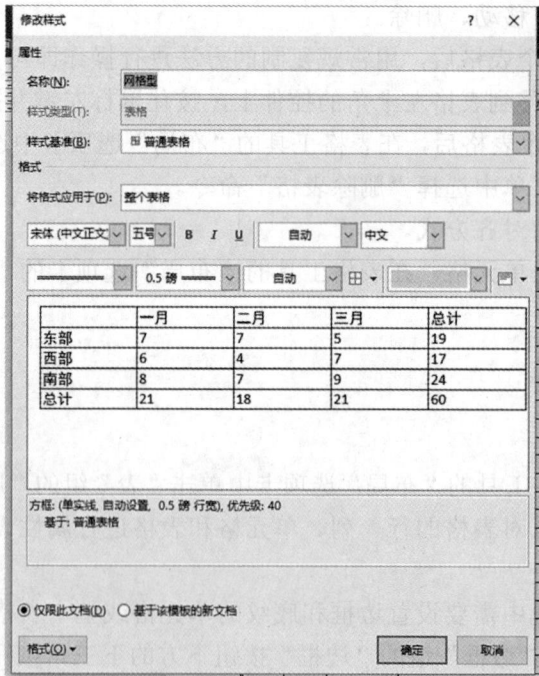

图 4-49　"修改样式"对话框

实验实训 5　Excel 2016 数据统计与分析

实验目的

（1）了解 Excel 2016 的功能与作用。

（2）掌握使用 Excel 2016 制作和编辑工作表的方法。

（3）学会在 Excel 2016 中使用公式和函数进行数据计算。

（4）可以使用 Excel 2016 进行数据管理和数据分析。

（5）掌握图表和数据透视表的制作方法。

——□ 任务 1　工作表的制作与编辑 □——

任务目的

（1）掌握 Excel 2016 的基本操作。

（2）掌握输入与编辑数据的方法。

（3）学会格式化工作表。

（4）打印输出工作表。

任务描述

（1）启动 Excel 2016，新建一个工作簿，保存在 D 盘，命名为"年度销售统计表"。

（2）将原有工作表的名称改为"2019"，插入一个新工作表，将其名称改为"2020"。

（3）在"2019"工作表中输入所需数据，并设置数据格式。

（4）将第 1 行高度设置为 40，再在第 1 列前插入一列，输入商品序号，然后合并第 1 行单元格。

（5）将"2019"工作表中的标题行和商品名称等共有数据复制到"2020"工作表中。

（6）为数据区域添加边框和底纹，结果如图 5-1 所示。

（7）设置打印选项并预览打印效果。

	A	B	C	D	E	F	G
1	全年部分商品销售统计表						
2	序号	商品名称	第一季	第二季	第三季	第四季	合计
3	1	冰箱	462000	350058	452200	416884	
4	2	电视机	802000	902060	806025	1045122	
5	3	洗衣机	320152	450055	505600	456223	
6	4	微波炉	245752	460022	350011	454899	
7	5	空调	586400	1822010	9531212	854564	

图 5-1　工作表示例

★ 方法与步骤

1. 启动 Excel 2016，新建工作簿

（1）单击"开始"按钮，从弹出的菜单中选择"Excel 2016"，启动程序。

（2）在"开始"选项卡中单击"空白工作簿"图标，创建一个新工作簿，如图 5-2 所示。

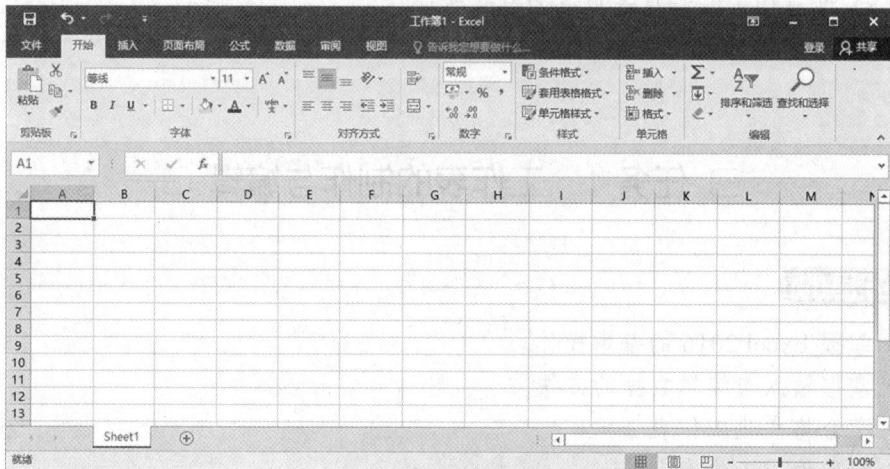

图 5-2　新工作簿

（3）单击快速访问工具栏中的"保存"按钮，切换到"另存为"对话框，单击"浏览"按钮，打开"另存为"对话框，指定保存位置为 D 盘，文件名为"年度销售统计表"，保存类型为"Excel 工作簿"，单击"确定"按钮保存文件。

2. 插入和重命名工作表

（1）单击工作表标签栏右侧的"新工作簿"按钮，插入新工作表 Sheet2。

（2）右键单击 Sheet1 工作表标签，在弹出的菜单中选择"重命名"命令，使该工作表标签进入编辑状态，输入"2019"。用相同方法将 Sheet1 工作表重命名为"2020"，如图 5-3 所示。

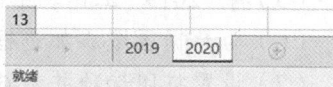

图 5-3　重命名工作表

3. 输入数据并设置数据格式

（1）在"2019"工作表中输入数据，如图 5-4 所示。

	A	B	C	D	E	F
1	全年部分商品销售统计表					
2	商品名称	第一季	第二季	第三季	第四季	合计
3	冰箱	462000	350058	452200	416884	
4	液晶电视	802000	902060	806025	1045122	
5	洗衣机	320152	450055	505600	456223	
6	微波炉	245752	460022	350011	454899	
7	空调	586400	1822010	9531212	854564	

图 5-4　数据示例

（2）选中第 1 行，在"开始"选项卡中选择"字体"组的"字体"下拉列表中的"楷体"选项，选择"字体"组的"字号"下拉列表中的"18"选项，并单击"字体"组的"加粗"按钮。

（3）选中第 2 行，参照上一步操作将其中文本设置为 14、仿宋、加粗。

（4）将鼠标指针放在 A 列和 B 列标签之间拖动，调整列宽使之匹配数据。

4. 设置行和列

（1）右键单击第 1 行标签，从弹出的菜单中选择"行高"命令，打开"行高"对话框，在"行高"文本框中输入"40"，单击"确定"按钮，如图 5-5 所示。

（2）右键单击第 1 列标签，从弹出的菜单中选择"插入"命令，在该列前面插入一个新列。

（3）单击 A2 单元格，输入"序号"，按"Enter"键切换到下方单元格（A3），输入 1，然后将鼠标指针放在该单元格右下角的控点上，当指针形状变成十字形时向下拖动到 A7 单元格，再单击自动填充选项按钮，从弹出的菜单中选中"填充序列"单选按钮，如图 5-6 所示。执行后序号列中的数字会以"1，2，3…"的序列方式显示。

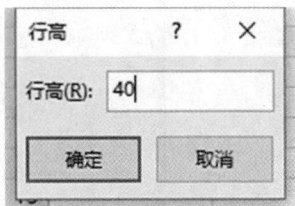

图 5-5　"行高"对话框　　　　图 5-6　填充序列

（4）选择 A1:G1 单元格区域，在"开始"选项卡中单击"对齐方式"|"合并后居中"按钮。

（5）选择第 2 行，在"开始"选项卡中单击"对齐方式"组的"居中"按钮；选择第 1 列，单击"对齐方式"组的"居中"按钮。

5. 复制数据

（1）在"2019"工作表中选择 A1:G2 单元格区域，按"Ctrl+C"组合键复制数据，然后切换到"2020"工作表，单击 A1 单元格，按"Ctrl+V"组合键粘贴数据。

（2）在"2019"工作表中选择 A3:B7 单元格区域，将其粘贴到"2020"工作表中。结果如图 5-7 所示。

图 5-7　"2020"工作表数据

6. 设置边框和底纹

（1）切换到"2019"工作表，选择 A1:G7 单元格区域，在"开始"选项卡中单击"单元格"|"格式"按钮，从弹出的菜单中选择"设置单元格格式"命令，打开"设置单元格格式"对话框。

（2）切换到"边框"选项卡，在"样式"框中选择双实线，在"预置"栏中单击"外边框"按钮；再在"样式"框中选择单实线，在"预置"栏中单击"内部"按钮。在"边框"栏中可以适时预览设置情况，如图 5-8 所示。设置后单击"确定"按钮。

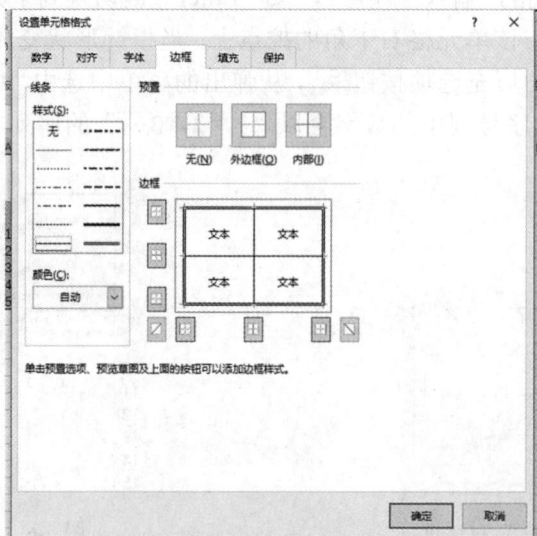

图 5-8　"设置单元格格式"对话框的"边框"选项卡

（3）选中标题单元格，打开"设置单元格格式"对话框，切换到"填充"选项卡，在"背景色"栏中选择白色，在"图案颜色"下拉面板中选择橙色，再在"图案样式"

下拉面板中选择"12.5%灰色"，如图 5-9 所示，单击"确定"按钮。

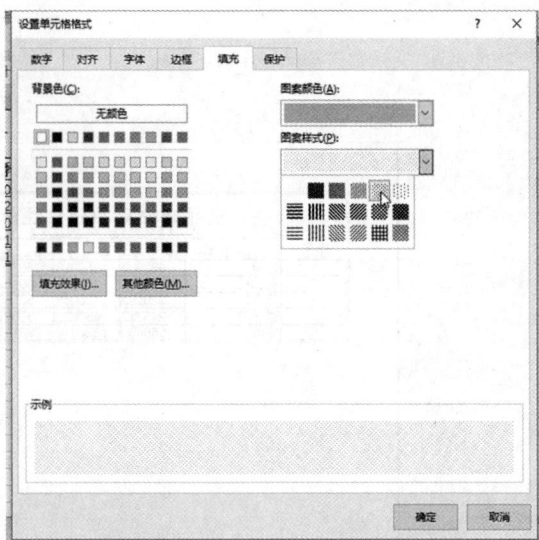

图 5-9　"设置单元格格式"对话框的"填充"选项卡

7．打印

（1）选择"文件"|"打印"命令，打开"打印"窗口。单击"页面设置"，打开"页面设置"对话框。

（2）在"方向"选项组中选中"横向"单选按钮；在"缩放"选项组中选中"缩放比例"单选按钮，然后在其右边的微调框中输入"180"，如图 5-10 所示。

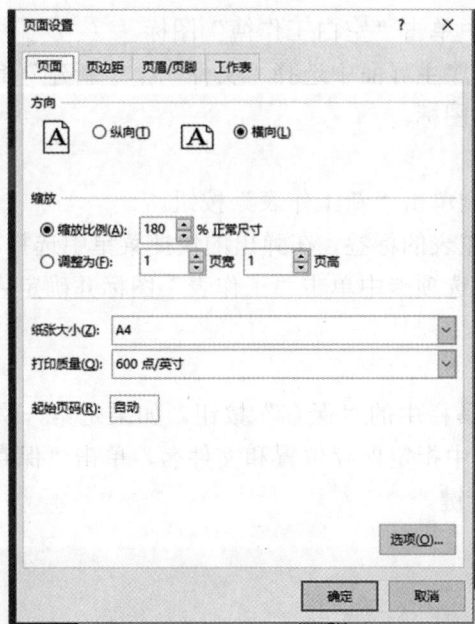

图 5-10　"页面设置"对话框的"页面"选项卡

（3）在设置打印选项的过程中，可以实时在预览窗格中查看打印效果，如图 5-11 所示。

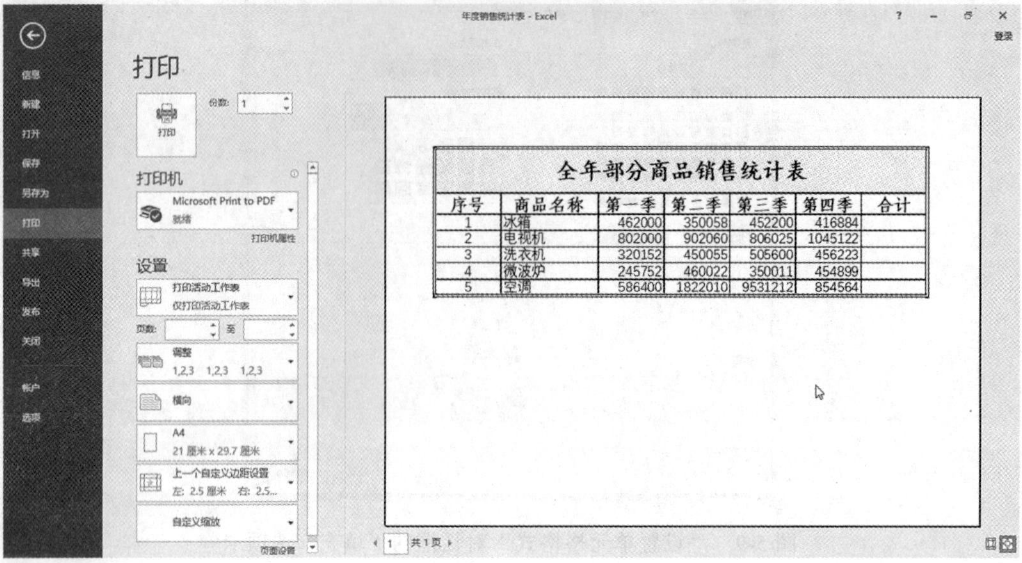

图 5-11 "打印"窗口

相关知识与技能

1. Excel 2016 的基本操作

（1）新建工作簿。

① 在"开始"页面中单击"空白工作簿"图标。

② 在 Excel 2016 程序主界面中选择"文件"｜"新建"命令，打开"新建"对话框，单击"空白工作簿"图标。

（2）插入工作表。

① 在工作表标签右侧单击"新工作表"按钮。

② 右键单击现有工作表的标签，在弹出的快捷菜单中选择"插入"命令，打开"插入"对话框，在"常用"选项卡中单击"工作表"图标并确定，可在所选工作表前面插入一张新工作表。

（3）保存工作簿。

① 单击快速访问工具栏中的"保存"按钮。如果是第一次保存工作簿，会打开一个"另存为"对话框，从中指定保存位置和文件名，单击"保存"按钮即可。

② 按"Ctrl+S"组合键。

2. 输入与编辑数据

（1）输入一般数据。

① 单击目标单元格（如 A1），在编辑栏中输入单元格内容，单击"输入"按钮✔。

② 单击目标单元格，直接在其中输入需要的内容，然后按"Enter"键。

（2）输入以"0"开头的数据。

选择目标单元格，在"开始"选项卡中单击"数字"组的"数字格式"下拉按钮，在弹出的下拉列表中选择"文本"选项。设置后，再输入以 0 开头的数据，即可实现有效数字前面 0 的正常显示。

（3）自动填充数据。

在起始单元格中输入序列开始的数据，例如，要输入相同的数据，可在序列首个单元格中输入该数据；若要输入递增的数据，则要在第一个单元格和第二个单元格中输入递增的数据，如 1、2 或 2、4 等。设置好序列规则后，选中制定规则的单元格，将鼠标指针移动到其右下角填充柄处，当鼠标指针变成十字形状时，按住左键拖动指针，到最后一个单元格时释放鼠标，即可看到在选择的单元格区域中显示了填充的序列，如图 5-12 所示。

	A	B	C	D	E	F	G	H	I
1	编号1	编号2	名称	日期1	日期2	时间	星期1	星期2	月份
2	001	2	选修	2019/1/6	12月8日	8:30	星期一	sun	一月
3	002	4	选修	2019/1/7	12月9日	9:30	星期二	Mon	二月
4	003	6	选修	2019/1/8	12月10日	10:30	星期三	Tue	三月
5	004	8	选修	2019/1/9	12月11日	11:30	星期四	Wed	四月
6	005	10	选修	2019/1/10	12月12日	12:30	星期五	Thu	五月
7	006	12	选修	2019/1/11	12月13日	13:30	星期六	Fri	六月
8	007	14	选修	2019/1/12	12月14日	14:30	星期日	Sat	七月
9	008	16	选修	2019/1/13	12月15日	15:30	星期一	Sun	八月
10	009	18	选修	2019/1/14	12月16日	16:30	星期二	Mon	九月
11	010	20	选修	2019/1/15	12月17日	17:30	星期三	Tue	十月
12									

图 5-12　自动填充的数据序列示例

（4）同时输入多个数据。

选择需要输入相同数据的单元格区域，可以是连续的区域，也可以是不连续的区域（在按住"Ctrl"键的同时选择），然后输入需要的内容后，按"Ctrl+Enter"组合键，即可看到所选择的单元格区域中显示了相同的数据，即同时输入了多个数据。

3. 格式化工作表

（1）选择单元格。

① 选择单元格/单元格区域：直接单击目标单元格。选中的单元格四周会出现选择框。单击一个单元格后按住鼠标左键拖动至结束单元格，可以选择一个单元格区域。

② 选择行：将鼠标移至行号上，当鼠标指针变成黑色向右的箭头形状时单击，可选择该行。选择该行后按住鼠标左键向上或向下拖动，可以选择连续的多行。

③ 选择列：将鼠标移到列标上，当鼠标指针变成黑色向下箭头形状时单击，可以选择该列。选择该列后，按住鼠标左键向左/右进行拖动，可以选择连续的多列。

④ 选择不连续的多个单元格、多行、多列：按住"Ctrl"键，依次单击不相连的多个单元格，可以选择不相连的多个单元格；按住"Ctrl"键依次单击不相连的多个列标或行号，可以选择不相连的多个列或行。

（2）更改行高。

① 更改单行行高：将鼠标移至目标行行号下方的框线处，当鼠标指针变成双向箭头形状时，按住鼠标左键进行拖动，拖动过程中注意当前行高度值提示，拖动到合适位置后释放鼠标，即可更改该行行高。

② 同时更改多行行高：通过在行号上拖动选择多行，然后拖动所选择区域任一行号下方的框线到适当位置，即可更改所选择的多行行高。

③ 设置精准行高：选择需更改行高的行，在"开始"选项卡中单击"单元格"组的"格式"按钮，在弹出的菜单中选择"行高"命令，打开"行高"对话框，在"行高"文本框中输入合适的数值，单击"确定"按钮即可，如图5-13所示。

（3）更改列宽。

① 更改单列列宽：将鼠标移至目标列列标右侧的框线处，当鼠标指针变成双向箭头形状时，按住鼠标左键进行拖动，拖至合适位置后释放鼠标，即可更改该列单元格的列宽，拖动过程中注意当前列列宽值的变化。

② 同时更改多列列宽：选择多列，拖动所选择单元格区域列标右侧的框线到适当位置，即可调整所选择列的列宽。

③ 精准更改列宽：选择目标列，在"开始"选项卡中单击"单元格"组的"格式"按钮，在弹出的菜单中选择"列宽"命令，打开"列宽"对话框。在"列宽"文本框中输入合适的数值，单击"确定"按钮即可，如图5-14所示。

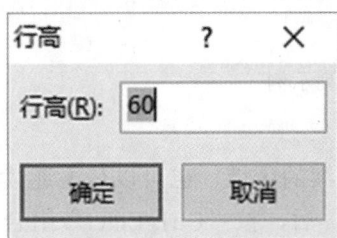

图 5-13　"行高"对话框　　　　　　图 5-14　"列宽"对话框

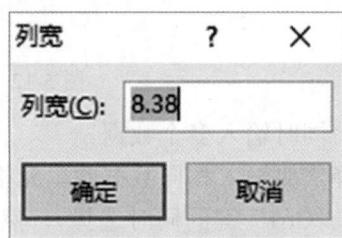

（4）合并单元格。

① 合并后居中：选中要合并的单元格区域，在"开始"选项卡中单击"对齐方式"组的"合并后居中"按钮。

② 取消单元格合并：合并单元格后，再次单击"合并后居中"按钮，即可取消单元格的合并。

（5）边框线设置。

① 选中需要添加边框的单元格，在"开始"选项卡中单击"字体"组的"边框"按钮右侧的下拉按钮，在弹出的菜单中选择"框线位置"命令。

② 选中需要添加边框的单元格，右键单击鼠标，在弹出的快捷菜单中选择"设置单元格格式"命令，打开"设置单元格格式"对话框。切换到"边框"选项卡，在"预置"和"边框"选项组中选择添加框线的位置，并在"线条"选项组中选择边框的线型和颜色，如图5-15所示。

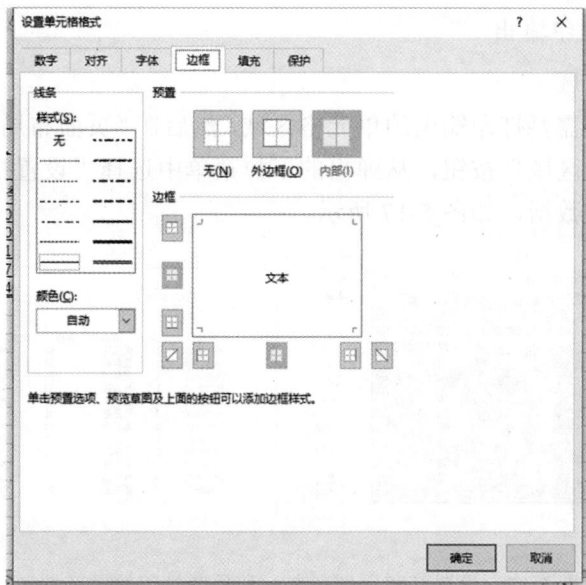

图 5-15 "边框"选项卡

（6）底纹设置。

① 选中需要添加底纹的单元格，在"开始"选项卡中单击"字体"组的"填充颜色"按钮右侧的下拉按钮，从弹出的面板中选择所需的颜色。

② 打开"设置单元格格式"对话框，切换到"填充"选项卡，在"背景色"选项组中选择所需添加底纹的颜色。也可以在"图案样式"下拉列表中选择需要添加的图案样式，并在"图案颜色"下拉列表中修改给定图案的颜色，如图 5-16 所示。

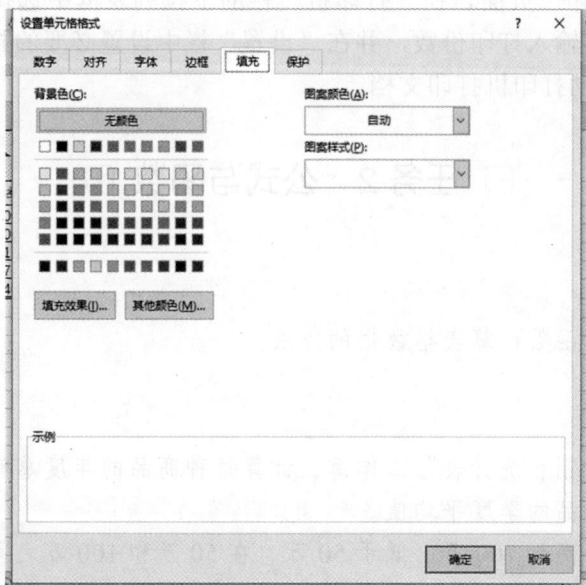

图 5-16 "填充"选项卡

4. 工作表的打印输出

（1）设置打印区域。

在工作表中选择需要打印输出的单元格区域，然后在"页面布局"选项卡中单击"页面设置"组的"打印区域"按钮，从弹出的下拉菜单中选择"设置打印区域"命令，将只打印选定区域内的数据，如图5-17所示。

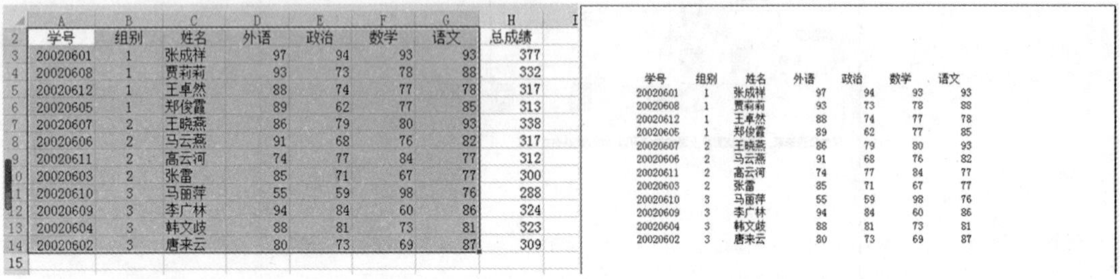

学号	组别	姓名	外语	政治	数学	语文	总成绩
20020601	1	张成祥	97	94	93	93	377
20020608	1	贾莉莉	93	73	78	88	332
20020612	1	王卓然	88	74	77	78	317
20020605	1	郑俊霞	89	62	77	85	313
20020607	2	王晓燕	86	79	80	93	338
20020606	2	马云燕	91	68	76	82	317
20020611	2	高云河	74	77	84	77	312
20020603	2	张雷	85	71	67	77	300
20020610	3	马丽萍	55	59	98	76	288
20020609	3	李广林	94	84	60	86	324
20020604	3	韩文歧	88	81	73	81	323
20020602	3	唐来云	80	73	69	87	309

图 5-17　设置打印区域（左）和预览打印效果（右）

（2）页面设置。

页面设置包括页面方向、纸张大小、页边距等，这些设置可以使用"页面布局"选项卡中的"页面设置"工具进行操作，也可以选择"文件"｜"打印"命令切换到"打印"页面，在其中的"页面设置"选项进行设置。

（3）打印预览与打印。

① 选择"文件"｜"打印"命令，切换到"打印"页面，在预览窗格可以预览打印效果。

② 切换到"打印"页面，在"打印机"栏的下拉列表框中选择要使用的打印机，在"份数"微调框中输入打印份数，并在"设置"栏中设置必要的打印选项，然后单击"打印"按钮即可启动打印机打印文档。

任务2　公式与函数

● 任务目的

掌握使用公式和函数计算表格数据的方法。

● 任务描述

（1）打开"年度销售统计表"工作簿，计算每种商品的年度总销售量。

（2）计算每种商品的季度平均值。

（3）计算销售量高于100万、低于50万、在50万和100万之间的商品。

（4）计算销售量高于100万和低于50万的商品百分比。

★ **方法与步骤**

1.　打开工作簿

启动 Excel 2016，在"最近使用的文档"栏中选择"年度销售统计表"，打开该工作簿。

2.　计算总销售量

（1）单击 G3 单元格，然后在"开始"选项卡中单击"编辑"|"求和"按钮，单元格中即会自动填充求和函数并自动选中第 3 行的数据，如图 5-18 所示。按"Enter"键得出结果。

	A	B	C	D	E	F	G	H	I
1				全年部分商品销售统计表					
2	序号	商品名称	第一季	第二季	第三季	第四季	合计		
3	1	冰箱	462000	350058	452200	416884	=SUM(C3:F3)		
4	2	电视机	802000	902060	806025	1045122	SUM(number1, [number2], ...)		
5	3	洗衣机	320152	450055	505600	456223			
6	4	微波炉	245752	460022	350011	454899			
7	5	空调	586400	1822010	9531212	854564			

图 5-18　自动求和

（2）将鼠标指针放在 G3 单元格右下角的控点上向下拖动到 G7 单元格，复制函数并得出结果，如图 5-19 所示。

	A	B	C	D	E	F	G
1				全年部分商品销售统计表			
2	序号	商品名称	第一季	第二季	第三季	第四季	合计
3	1	冰箱	462000	350058	452200	416884	1681142
4	2	电视机	802000	902060	806025	1045122	3555207
5	3	洗衣机	320152	450055	505600	456223	1732030
6	4	微波炉	245752	460022	350011	454899	1510684
7	5	空调	586400	1822010	9531212	854564	12794186
8							

图 5-19　复制函数并得出结果

3.　计算平均值

（1）在 H2 单元格中输入"季度平均值"，调整列宽匹配数据。

（2）单击 H3 单元格，在"开始"选项卡中单击"编辑"|"求和"按钮右侧的下拉按钮，从弹出的菜单中选择"平均值"命令，H3 单元格中会自动填充平均值函数，删除括号中的单元格引用，重新输入"C3:F3"，如图 5-20 所示。

图 5-20　求平均值

（3）按"Enter"键得出结果，然后将鼠标指针放在 H3 单元格右下角的控点上向下拖动到 H7 单元格，复制函数并得出结果。

4. 计算销售量高于 100 万和低于 50 万的商品

（1）在 K1:P7 单元格区域中输入如图 5-21 所示的数据。

图 5-21　求平均值

（2）计算高于 100 万的商品：选中 L3 单元格，输入"=COUNTIF(C3:F3, ">=1000000")"，如图 5-22 所示。

图 5-22　计算高于 100 万的商品

（3）按"Enter"键得出结果，然后向下复制公式至 L7 单元格完成计算。

5. 计算销售量低于 50 万的商品

选中 M3 单元格，输入"=COUNTIF(C3:F3, "<500000")"，按"Enter"键，向右复制公式至 M7 单元格完成计算。

6.　计算销售量在 50 万和 100 万之间的商品

选中 N3 单元格,输入"=COUNTIF(C3:F3, ">=500000")–COUNTIF(C3:F3, ">=1000000")"后按"Enter"键,向右复制公式至 N7 单元格完成计算。

7.　计算销售量高于 100 万和低于 50 万的商品百分比

(1)选中 O3:P7 单元格区域,在"开始"选项卡的"数字"组的"数字格式"下拉列表框中选择"百分比"命令。

(2)计算销售量高于 100 万的百分比。选中 O3 单元格,输入"=0/4",按"Enter"键得出结果;选中 O4 单元格,输入"=1/4",按"Enter"键得出结果;选中 O5 单元格,输入"=0/4",按"Enter"键得出结果;选中 O6 单元格,输入"=0/4",按"Enter"键得出结果;选中 O7 单元格,输入"=2/4",按"Enter"键得出结果。(提示:"/"为百分比符号,该符号前面的数值为大于 100 万的个数,后面的数值为年度统计总数据个数。)

(3)计算销售量低于 50 万的百分比。选中 P3 单元格,输入"=4/4",按"Enter"键得出结果;选中 P4 单元格,输入"=0/4",按"Enter"键得出结果;选中 P5 单元格,输入"=3/4",按"Enter"键得出结果;选中 P6 单元格,输入"=4/4",按"Enter"键得出结果;选中 P7 单元格,输入"=0/4",按"Enter"键得出结果。完成效果如图 5-23 所示。

数据分析

销售量	高于100万	低于50万	50万-100万	100万以上占比	50万以下占比
冰箱	0	4	0	0.00%	100.00%
电视机	1	0	3	25.00%	0.00%
洗衣机	0	3	1	0.00%	75.00%
微波炉	0	4	0	0.00%	100.00%
空调	2	0	2	50.00%	0.00%

图 5-23　完成效果

✏ 相关知识与技能

1.　Excel 2016 公式

在单元格中输入"="表示进入公式编辑状态。在 Excel 2016 的公式中,可以使用运算符、单元格引用、值或常量、函数等几种元素。

2.　运算符

(1)算术运算符:用来进行基本的数学运算的,如"+、–、*、/、%"等。

(2)比较运算符:一般用在条件运算中,用于对两个数值进行比较,其计算结果为逻辑值,当结果为真时返回 True,否则返回 False。运算符号包括"=、>、>=、<、<=、<>"。

（3）连接运算符：使用连接符号“&”连接一个或多个文本字符串形成一串文本。例如，需要将“FBHSJD”和“销售明细表”两个文本连接在一起，那么输入公式应为“=FBHSJD&销售明细表”。

（4）引用运算符：用来表示单元格在工作表中位置的坐标集，为计算公式指明引用的位置，包括“：”“，”“ ”。

3. 运算符的优先级

运算符的优先级

优先级	运算符号	运算符名称	优先级	运算符号	运算符名称
1	:	冒号	6	+和-	加号和减号
1		单个空格	7	&	连接符号
1	,	逗号	8	=	等于
2	-	负号	8	< 和 >	小于和大于
3	%	百分比	8	<>	不等于
4	^	乘幂	8	<=	小于等于
5	*和/	乘号和除号	8	>=	大于等于

4. 单元格引用

（1）相对引用。

相对引用是指在目标单元格与被引用单元格之间建立了相对的关系，当公式所在的单元格位置发生变化时，其引用的行与列也相对自动发生了变化。例如，在图 5-24 所示的表格中，选择 E3 单元格，并输入计算公式“=B3+C3+D3”，按“Enter”键，此时目标单元格中显示了计算结果，然后选中 D3 单元格，将鼠标移至该单元格的右下角，当鼠标指针变成十字状时向下拖动填充柄复制公式，拖至目标位置后释放，选择任意结果单元格，即可在编辑栏中看到相应的公式，如公式单元格变化为 E6，引用的行和列也自动变化为“=B6+C6+D6”。

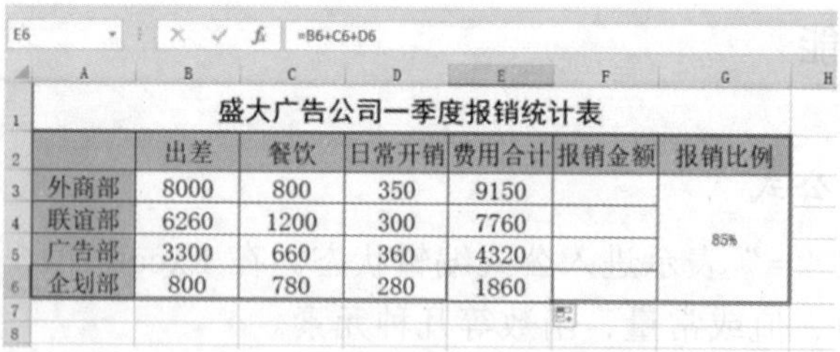

	出差	餐饮	日常开销	费用合计	报销金额	报销比例
外商部	8000	800	350	9150		
联谊部	6260	1200	300	7760		85%
广告部	3300	660	360	4320		
企划部	800	780	280	1860		

图 5-24　相对引用结果

（2）绝对引用。

绝对引用是指目标单元格与被引用的单元格之间没有相对的关系，无论公式所在的单元格位置是否发生了改变，绝对引用的地址不变。要建立绝对引用，则需要在单元格的行和列上添加绝对符合“$”。例如，在图 5-25 所示的表格中，选择 F3 单元格，并在

其中输入"=B3*\$G\$3"，表示该单元格结果等于费用合计乘以报销比例，这里的\$G\$3
即表示绝对引用了 G3 单元格。按"Enter"键得到计算结果，然后选择 F3 单元格，双击
右下角填充柄，得出所有结果。选择任一单元格，可以看到所选择的单元格区域都引用
了 G3 同一单元格。

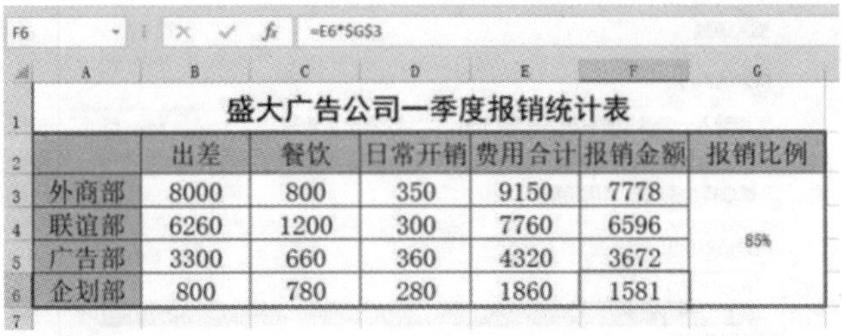

图 5-25　绝对引用最终结果

（3）混合引用。

在工作表中计算数据时，并不限于相对引用或绝对引用，还可能会使用混合引用。
混合引用是指公式中即有相对引用又有绝对引用，即可以选择对行或者对列进行引用。
例如，\$A2，表示绝对引用 A 列，相对引用第 2 行。

5. 输入公式

（1）在单元格中直接输入公式。选择目标单元格，先输入"="，再单击需要参与运
算的单元格，输入运算符，然后单击参与运算的另一个单元格，即可完成公式的编辑。

（2）通过编辑栏输入公式。选择目标结果单元格，在编辑栏中输入正确的公式，然
后单击编辑栏左侧的"输入"按钮✅，或者按"Enter"键，即可得到计算的结果。

6. 复杂公式的使用

算术运算符是通过从高到低的优先级进行计算的，如果需要改变运算顺序，可在公
式中使用括号，将需要先进行计算的公式用括号括起来，使其最先计算，从而得到正确
结果。也就是说，在使用复杂公式时，需要注意的是算术符号的优先级。

7. 函数的类型与结构

函数的结构分为函数名和参数两部分，其结构表达式为：函数名（参数1，参数2，
参数3，……）。其中函数名为需要执行运算函数的名称。参数为函数使用的单元格或者
数值，它可以是数字、文本、数组、单元格区域的引用等。函数的参数中还可以包括其
他函数，这就是函数的嵌套使用。

8. 插入函数

（1）通过对话框插入函数：选择目标单元格，在"公式"选项卡中单击"函数库"
组的"插入函数"按钮，打开如图 5-26 所示的"插入函数"对话框。在"或选择类别"
下拉列表中选择所需要的类别，如"常用函数"；在"选择函数"列表框中选择需要插

入的函数，如"COUNT"函数，然后单击"确定"按钮，打开"函数参数"对话框，在
"Number1"文本框中显示了设置的参数，如输入 B4:E4 即表示对 B4:E4 单元格区域进行
求和。确定设置返回工作表后，可以看到目标单元格中显示了计算的结果，编辑栏中显
示了计算的公式。

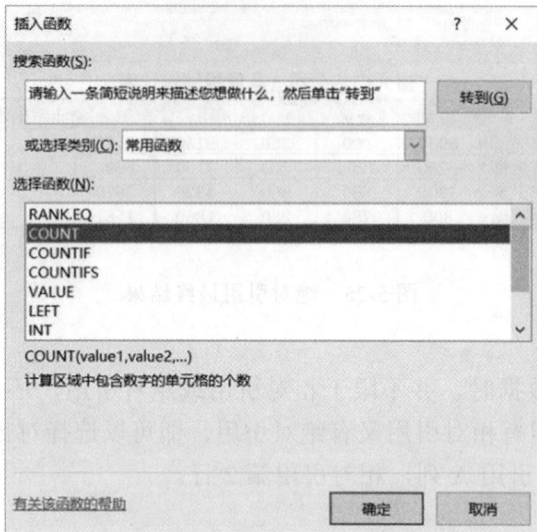

图 5-26 "插入函数"对话框

（2）直接输入函数：如果对需要使用的函数比较熟悉，也可以直接输入函数。函数
可以直接在单元格中输入，也可在编辑栏中输入。例如要在一个表格中使用公式表达法
为"=B4+C4+D4+E4"的加法函数，即可在目标单元格中输入"=SUM（B4:E4）"，如图
5-27 所示。按"Enter"键，即可得出计算结果。

图 5-27 在编辑栏中直接输入函数

（3）通过"自动求和"按钮插入函数：在"开始"选项卡中单击"编辑"组的"自
动求和"按钮右侧的下拉按钮，可以看到在弹出的菜单中列出了各种常用函数命令，选
择某个命令即可在目标单元格中插入相应函数，然后选择要参与运算的单元格，即可完

成函数公式的插入，按"Enter"键，即可得出计算结果。

9.　复制函数

复制函数和复制数据的方法相同，可以通过快捷菜单中的命令进行复制操作，也可以使用填充柄来进行复制操作。

10.　修改与删除函数

（1）修改函数。

① 在单元格中修改。单击需要修改函数的单元格，如将 average 函数改为 max 函数，直接输入"=max（nmu1，num2，…）"。

② 在编辑栏中对函数进行修改。如将 AVERAGE 函数修改为 SUM 函数，单击单元格，在编辑栏中可看到当前应用的函数，将其中的"average"直接替换为"sum"即可。

（2）删除函数。

① 通过快捷菜单删除函数。选择需要删除函数的结果单元格并右键单击鼠标，在弹出的快捷菜单中选择"清除内容"命令。

② 使用功能区的"清除"功能。选择需要删除函数的结果单元格，在"开始"选项卡中单击"编辑"组的"清除"按钮，然后在展开的下拉列表中选择"清除内容"命令。

③ 通过键盘删除函数。选择需要删除函数的结果单元格，按"Delete"键或"Backspace"键可以删除函数。

11.　函数的参数和嵌套

（1）以 IF 函数为例确定函数参数。

IF 函数功能：根据对指定的条件计算结果为 True 或 False，来返回不同的结果，可用于对数值和公式执行条件检测。

语法：IF（Logical_test, Value_if_True, Value_if_false）

参数：Logical_test 参数表示计算结果为 True 或 False 的任意值或条件表达式。

Value_if_true 参数是 Logical_test 为 True 时返回的值。

Value_if_false 参数是 Logical_test 为 False 时返回的值。

条件表达式是通过把两个表达式用关系运算符（=，<>，>，<，>=，<=）连接起来所构成的。

例 1：判断 A1 单元格中成绩如果大于 60 分，则在 B2 单元格中显示"及格"，否则显示为"不及格"。

在 B2 中输入公式："=IF(A1>=60, "及格", "不及格")"。

（2）同样以 IF 函数为例的讲解函数嵌套。

例 2：如果 A1=B1=C1，则在 D1 显示 1；如果不相等，则返回 0。

分析：条件为 A1=B1=C1，不可能用一个表达式表达出来。引入 AND(函数)，则可以将条件写为：AND(A1=B1, A1=C1)

在 D1 中输入如下函数："=IF(AND(A1=B1, A1=C1), 1, 0)"。

也就是说 AND(A1=B1, A1=C1)函数作为 IF 函数的条件参数嵌套进了 IF 函数中。

同时，此公式也可以改为："=IF(A1<>B1, 0, IF(A1<>C1, 0, 1))"。在这个公式中 IF(A1<>C1, 0, 1)作为错误的返回值参数嵌套进了 IF 函数中。

─┤ 任务 3　数据的管理 ├─

任务目的

（1）掌握数据的排序、筛选和分类汇总。

（2）掌握数据的合并计算。

任务描述

1. 打开"年度销售统计表"工作簿，筛选年度总销售量高于 200 万的商品。

2. 将"2019"工作表中的数据按总销售量由高到低排序。

3. 分析汇总"2019"工作表中的商品种类的个数。

★ 方法与步骤

1. 筛选

（1）打开"年度销售统计表"工作簿，显示"2019"工作表，选择 A2:G7 单元格区域，在"开始"选项卡中单击"编辑"组的"排序和筛选"按钮，从弹出的菜单中选择"筛选"命令，在列字段右侧显示下拉按钮。

（2）单击"合计"字段右侧的下拉按钮，从弹出的菜单中选择"数字筛选"|"大于"命令，打开"自定义自动筛选方式"对话框，在第一行选项右侧的下拉列表中输入"2000000"，如图 5-28 所示。

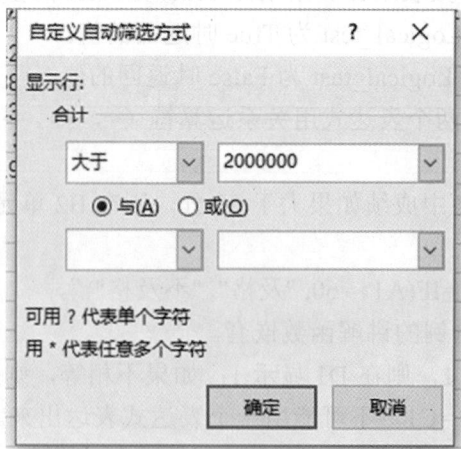

图 5-28　"自定义自动筛选方式"对话框

（3）单击"确定"按钮完成筛选，如图 5-29 所示。再次选择"筛选"命令可取消筛选。

图 5-29　筛选数据

2. 排序

（1）单击数据区域的任意单元格，在"开始"选项卡中单击"编辑"组的"排序和筛选"按钮，从弹出的菜单中选择"自定义排序"命令，打开"排序"对话框。在"主要关键字"下拉列表中选择"合计"选项，再在"次序"下拉列表中选择"降序"选项，如图 5-30 所示。

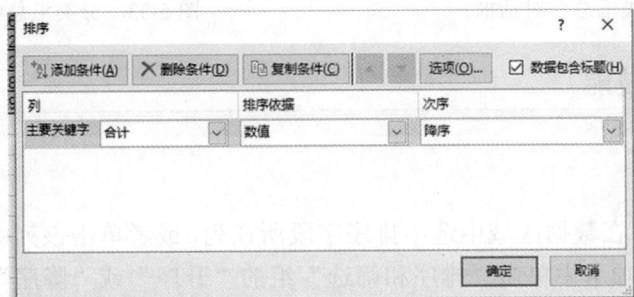

图 5-30　"排序"对话框

（2）单击"确定"按钮，完成排序，如图 5-31 所示。

图 5-31　排序结果

3. 分类汇总

（1）选择 B2:B7 单元格，在"数据"选项卡中单击"分级显示"组的"分类汇总"按钮，打开"分类汇总"对话框。在"分类字段"下拉列表中选择"商品名称"选项，在"汇总方式"下拉列表中选择"计数"选项，在"选定汇总项"列表框中选中"商品名称"

复选框，如图 5-32 所示。

（2）单击"确定"按钮，完成分类汇总，结果如图 5-33 所示。

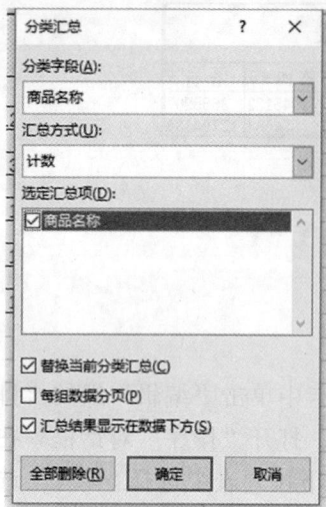

图 5-32 "分类汇总"对话框

图 5-33 分类汇总结果

相关知识与技能

1. 数据排序

（1）简单排序：在数据区域中选中排序字段所在列，或者单击该列中的任意单元格，然后在"数据"选项卡中单击"排序和筛选"组的"升序"或"降序"按钮，即可对所选字段按指定方式进行排序。

（2）复杂排序：在工作表数据区域中选择任意一单元格，在"数据"选项卡中单击"排序和筛选"组的"排序"按钮，打开"排序"对话框。在"主要关键字"下拉列表中选择第一排序条件，在"次序"下拉列表中选择排序方式，然后单击"添加条件"按钮，再在"次要关键字"下拉列表中选择第二排序条件，并在"次序"下拉列表中选择第二排序条件的排序方式。以此类推，可以添加多个排序条件，如图 5-34 所示。

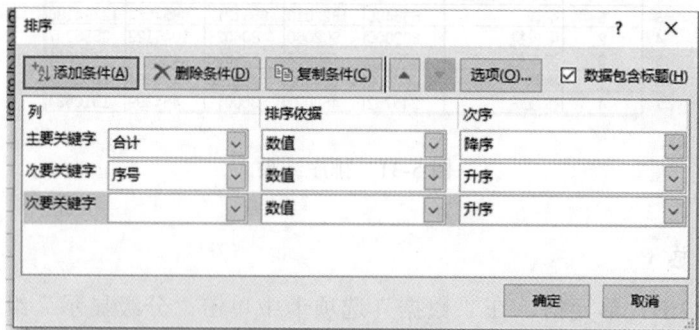

图 5-34 复杂排序

2. 数据筛选

（1）自动筛选数据：选择数据区域中的任意单元格，在"数据"选项卡中单击"排序和筛选"组的"筛选"按钮，各列字段后面会出现下拉按钮，单击要进行筛选的字段右侧的下拉按钮，弹出如图 5-35 所示的下拉菜单，选择筛选条件，然后单击"确定"按钮，即可完成筛选，显示筛选结果。

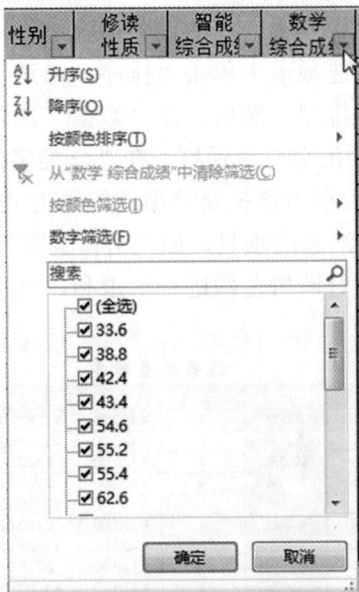

图 5-35　"数学综合成绩"字段的筛选菜单

（2）自定义筛选：自定义筛选可以指定筛选条件，例如，在一个销售业绩表格中，要筛选本月销售额大于 60000 和小于 50000 的人员，可在数据区域中选择任一单元格，再在"数据"选项卡中单击"排序和筛选"组的"筛选"按钮，然后单击"本月销售额"字段后面的下拉按钮，从弹出的菜单中选择"数字筛选"｜"自定义筛选"选项，打开"自定义自动筛选方式"对话框，在第一个条件框中设置"大于""60000"，选中"或"单选按钮，再在第二个条件框中设置"小于""50000"，如图 5-36 所示。设置后，单击"确定"按钮，即可得出筛选结果。

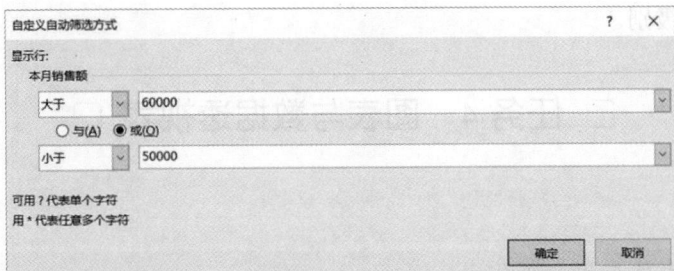

图 5-36　"自定义自动筛选方式"对话框

（3）取消筛选：在“数据”选项卡中单击“排序和筛选”组的“清除”按钮，即可清除工作表中的所有筛选，退出筛选状态。

3. 分类汇总

在创建分类汇总前，需要确定分类的字段，并要将分类字段进行排序，以便对各类数据进行汇总计算。汇总的方式有计算、求和、平均值、最大值、最小值等。

例如，要对一个销售清单中各销售员的销售情况进行汇总，可在销售员名称列中单击任意单元格，再在“数据”选项卡中单击“排序和筛选”组的“升序”按钮，先为销售员数据按姓氏的首字母升序排序，然后，在“数据”选项卡中单击“分级显示”组的“分类汇总”按钮，打开“分类汇总”对话框，在“分类字段”下拉列表框中选择“销售员”；在“汇总方式”下拉列表框中选择要使用的汇总方式，如“求和”；再在“选定汇总项”列表框中选择需要进行汇总的项目，如“销售金额”，然后单击“确定”按钮，可以看到工作表中数据按销售员对销售金额进行了求和，结果如图 5-37 所示。

	A	B	C	D	E	F
1	销售记录清单					
2	日期	商品名称	销售数量	销售单价	销售金额	销售员
3	20141003	火花塞	5	¥420.00	¥2,100.00	陈思思
4	20141007	火花塞	5	¥420.00	¥2,100.00	陈思思
5	20141011	防冻液	4	¥120.00	¥480.00	陈思思
6	20141015	防冻液	4	¥120.00	¥480.00	陈思思
7					¥5,160.00	陈思思 汇总
8	20141002	空调格	4	¥120.00	¥480.00	李楠
9	20141006	火花塞	7	¥420.00	¥2,940.00	李楠
10	20141010	机油滤芯	6	¥120.00	¥720.00	李楠
11	20141014	火花塞	3	¥420.00	¥1,260.00	李楠
12	20141018	机油滤芯	7	¥120.00	¥840.00	李楠
13					¥6,240.00	李楠 汇总
14	20141001	火花塞	3	¥420.00	¥1,260.00	田夏磊
15	20141005	空调格	8	¥120.00	¥960.00	田夏磊
16	20141009	机油滤芯	2	¥120.00	¥240.00	田夏磊
17	20141013	机油滤芯	9	¥120.00	¥1,080.00	田夏磊
18	20141017	机油滤芯	6	¥120.00	¥720.00	田夏磊
19					¥4,260.00	田夏磊 汇总
20	20141004	机油滤芯	6	¥120.00	¥720.00	赵颖
21	20141008	空调格	1	¥120.00	¥120.00	赵颖
22	20141012	防冻液	8	¥120.00	¥960.00	赵颖
23	20141016	火花塞	5	¥420.00	¥2,100.00	赵颖

图 5-37　分类汇总结果

默认情况下，分类汇总后数据分三级显示，单击工作表左上角的相应数字分级按钮，可更改当前显示级别。

任务 4　图表与数据透视表

任务目的

（1）掌握图表的应用与制作。

（2）了解数据透视表的应用与制作。

任务描述

1. 打开"年度销售统计表"工作簿，利用图表分析各种商品的季节销售差异。

（1）创建图表。

（2）输入图表标题。

（3）更改图表类型。

（4）切换行和列。

（5）将完成的图表移动到单独的工作表中。

（6）将包含图表的工作表移动到"2019"工作表后面，并改名为"2019 年销售图表"。

2. 创建销售占比数据透视表和数据透视图。

方法与步骤

1. 制作图表

（1）创建图表。打开"年度销售统计表"工作簿，在"2019"工作表中选择 B2:F7 单元格区域，在"插入"选项卡中单击"图表"组的"插入柱形图或条形图"按钮，从弹出的菜单中选择"三维簇状条形图"图标，生成图表，如图 5-38 所示。

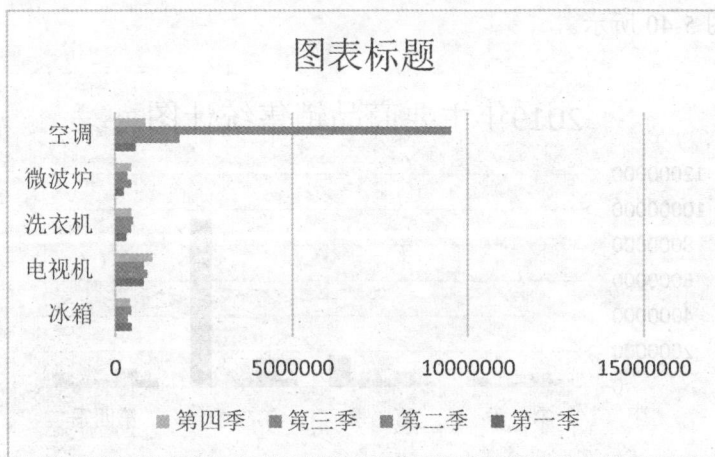

图 5-38　"三维簇状条形图"图表

（2）输入图表标题。选择图表中的"图表标题"占位符，输入"2019 年主要商品销售统计图"。

（3）更改图表类型。在图表工具的"设计"选项卡中单击"类型"组的"更改图表类型"按钮，打开"更改图表类型"对话框。在"推荐的图表"选项卡的左窗格中选择"柱形图"，然后在右窗格中选择"三维簇状柱形图"，如图 5-39 所示，单击"确定"按钮。

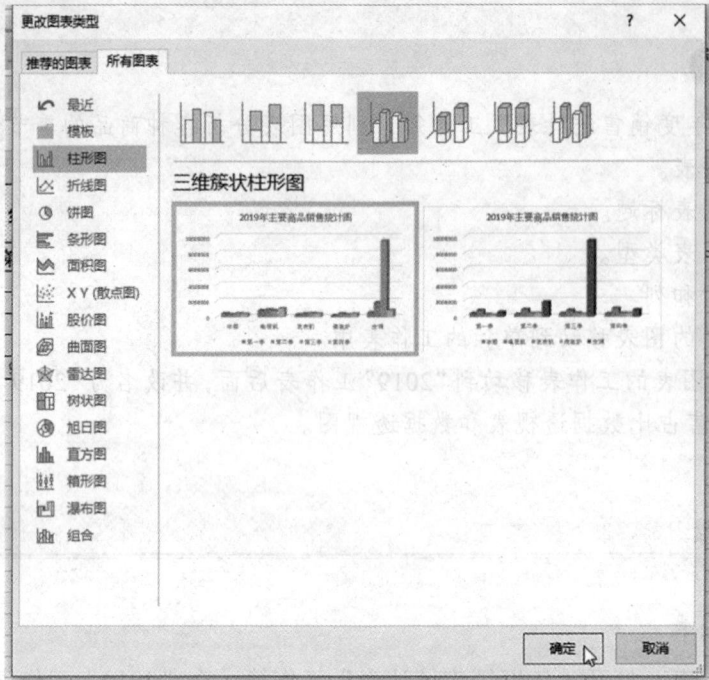

图 5-39　"更改图表类型"对话框

（4）切换行和列。在图表工具的"设计"选项卡中单击"类型"组的"切换行/列"按钮，结果如图 5-40 所示。

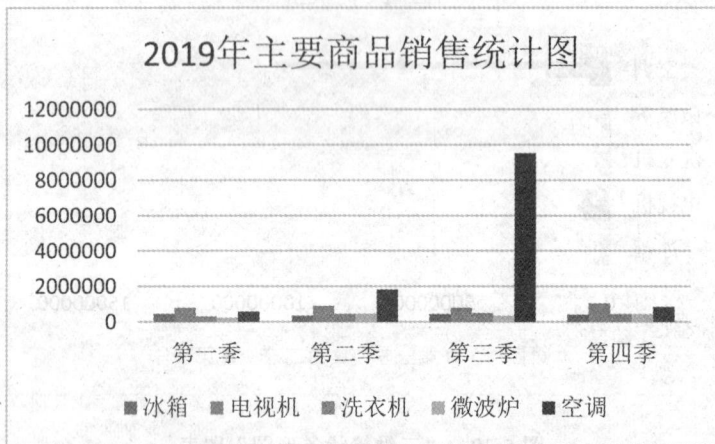

图 5-40　切换行和列后的三维簇状柱形图表

（5）移动图表。在图表工具的"设计"选项卡中单击"位置"组的"移动图表"按钮，打开"移动图表"对话框，选中"新工作表"单选按钮，如图 5-41 所示。单击"确定"按钮，在"2019"工作表前面插入一个包含当前图表的新工作表，默认名称为"Chart1"。

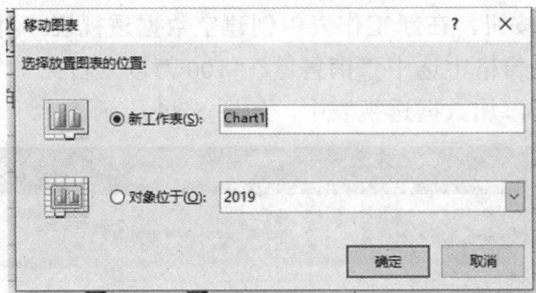

图 5-41　"移动图表"对话框

（6）移动并重命名工作表。将鼠标指针放在 Chart1 工作表上，按下鼠标左键向右拖动到"2019"和"2020"工作表标签之间，如图 5-42 所示。释放鼠标键，完成移动，然后右键单击"Chart1"工作表标签，从弹出的菜单中选择"重命名"命令，将该工作表的名称改为"2019 年销售图表"。

图 5-42　移动工作表

2．创建销售占比数据分析透视表和透视图

（1）创建数据透视表。

① 打开"年度销售统计表"工作簿的"2019"工作表，在"插入"选项卡中单击"表"组的"数据透视表"按钮，打开"创建数据透视表"对话框，单击"表/区域"框右侧的折叠按钮折叠对话框，在工作表中选中 K2:P7 单元格区域，然后返回对话框，选中"新工作表"单选按钮，如图 5-43 所示。

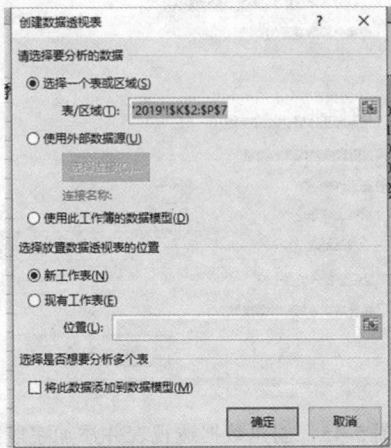

图 5-43　"创建数据透视表"对话框

② 单击"确定"按钮，在新工作表中创建空数据透视表，并显示"数据透视表字段"任务窗格。在任务窗格中选中"销售量""100 万以上占比""50 万以下占比"复选框，将这些字段的数据添加数据透视表中，如图 5-44 所示。

图 5-44　创建数据透视表并添加字段

（2）创建数据透视图。

① 在"插入"选项卡中单击"图表"｜"数据透视图"按钮，打开"创建数据透视图"对话框。单击"表/区域"框右侧的折叠按钮折叠对话框，在工作表中选中 K2:P7 单元格区域，然后返回对话框，选中"新工作表"单选按钮，如图 5-45 所示。

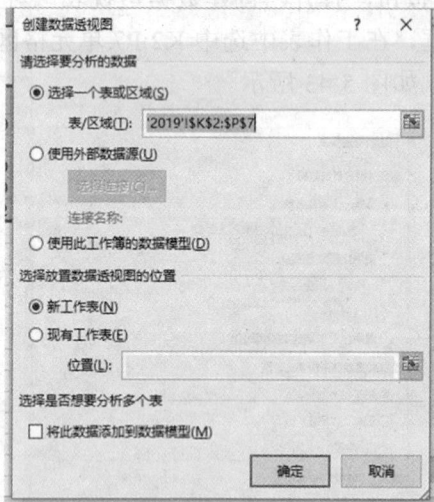

图 5-45　创建数据透视表并添加字段

② 单击"确定"按钮，在新工作表中创建空数据透视表和空数据透视图，并显示"数据透视图字段"任务窗格。在任务窗格中选中"销售量""100 万以上占比""50 万以

下占比"复选框，将这些字段的数据添加到数据透视图中，如图 5-46 所示。

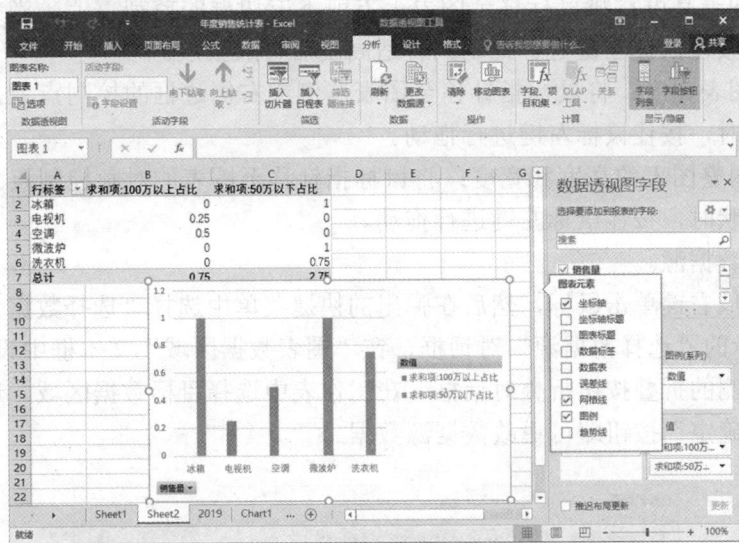

图 5-46　创建数据透视图并添加字段

✍ 相关知识与技能

1.　创建图表

选择创建表格的数据源区域，然后在"插入"选项卡中单击相应的图表类型按钮，并选择一个子图表类型，即可快速创建图表。

2.　更改图表

（1）更改图表的位置。

① 在工作表中直接拖动图表将鼠标指针移动图表上方，当指针呈十字箭头状时进行拖动。拖至目标位置释放鼠标，此时可看到图表的位置已更改。

② 在图表工具的"设计"选项卡中单击"位置"组的"移动图表"按钮，打开"移动图表"对话框，指定图表的新位置，如图 5-47 所示。

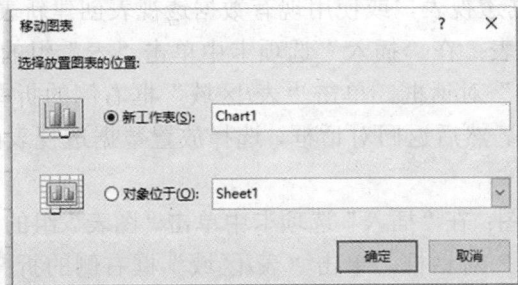

图 5-47　"移动图表"对话框

（2）调整图表的大小。

① 调整图表高度：将鼠标移至图表上方或下方边框的控制点上，当指针变成双向箭头形状时，按住鼠标左键进行拖动到合适高度后释放鼠放。

② 调整图表宽度：将鼠标指针移至图表左侧或右侧边框的控制点上，当指针变成双向箭头形状时，按住鼠标左键进行拖动。

③ 同时调整图表的高度和宽度：将鼠标指针移至图表的对角控制点上，当指针变成双向箭头形状时，按住鼠标左键进行拖动。

（3）更改数据源。

在图表区域右键单击鼠标，然后在弹出的快捷菜单中选择"选择数据"命令，打开如图 5-48 所示的"选择数据源"对话框，在"图表数据区域"文本框中设置图表区域，也可单击其右侧的折叠按钮折叠对话框，在工作表中选择目标数据区域。选择后返回对话框，单击"确定"按钮即可更改数据源数据。

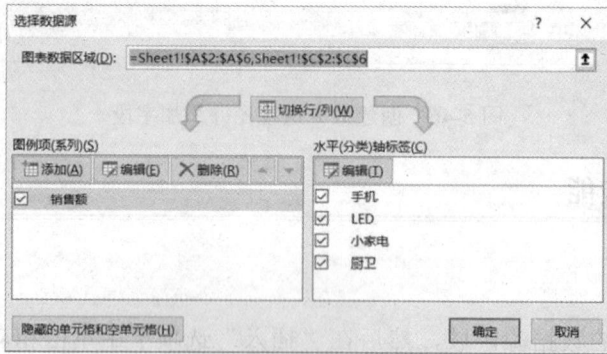

图 5-48　"选择数据源"对话框

3.　数据透视表和数据透视图

使用数据透视表可以汇总、分析、浏览和呈现数据。数据透视图则通过对数据透视表中的汇总数据添加可视化效果来对其进行补充，以便用户轻松查看比较模式和趋势。此外，还可以连接外部数据源（例如 SQL Server 表、SQL Server Analysis Services 多维数据集、Azure Marketplace、Office 数据连接（.odc）文件、XML 文件、Access 数据库和文本文件），创建数据透视表，或使用现有数据透视表创建新表。

（1）创建数据透视表：在"插入"选项卡中单击"表"组的"数据透视表"按钮，打开"创建数据透视表"对话框。单击"表/区域"框右侧的折叠按钮折叠对话框，在工作表中选择数据区域，然后返回对话框，选择放置数据透视表的位置，单击"确定"按钮。

（2）创建数据透视图：在"插入"选项卡中单击"图表"组的"数据透视图"按钮，打开"创建数据透视表"对话框。单击"表/区域"框右侧的折叠按钮折叠对话框，在工作表中选择数据区域，然后返回对话框，选择放置数据透视图的位置，单击"确定"按钮。

实验实训 6　PowerPoint 2016 演示文档制作与展示

实　验　目　的

掌握PowerPoint 2016的功用和使用方法。

──☐ 任务 1　创建和编辑演示文稿 ☐──

任务目的

（1）了解 PowerPoint 2016。

（2）掌握演示文稿的创建、保存与编辑。

（3）掌握文本及对象的插入与编辑方法。

（4）掌握幻灯片主题的设计方法。

任务描述

1. 创建一个包含"标题幻灯片""标题和内容""两栏内容""内容与标题" 4 个不同版式幻灯片的新演示文稿，保存为"中华美食.pptx"。

2. 在幻灯片中添加内容。

（1）在第一张幻灯片中添加标题"中华美食"和副标题"舌尖上的美食"。

（2）在第二张幻灯片中添加标题"四大菜系"，并打开文档"PowerPoint 素材\中华美食.docx"，将"四大菜系"标题下面的正文内容复制到文本占位符中。

（3）在第三张幻灯片中添加标题"美食传说"，并将"PowerPoint 素材\中华美食.docx"文档中"美食传说"标题下的正文文本复制到左侧的内容占位符中，将"PowerPoint 素材\老婆饼.jpg"图片文件插入到右侧的内容占位符中。

（4）在第四张幻灯片中添加标题"一起做美食"，并将文档"PowerPoint 素材\中华美食.docx"中"一起做美食"标题下的"可乐鸡翅"及其正文文本复制到左侧的内容占位符中，将"PowerPoint 素材\可乐鸡翅.jpg"图片文件插入到右侧的内容占位符中。

3. 添加背景音乐"PowerPoint 素材\背景音乐.mp3"。

4. 在最后一张幻灯片中添加艺术字"谢谢观赏"。

5. 在第二张幻灯片插入视频"PowerPoint 素材\美食.wmv"。

6. 应用"切片"主题的变体设计。完成后样文如图 6-1 所示。

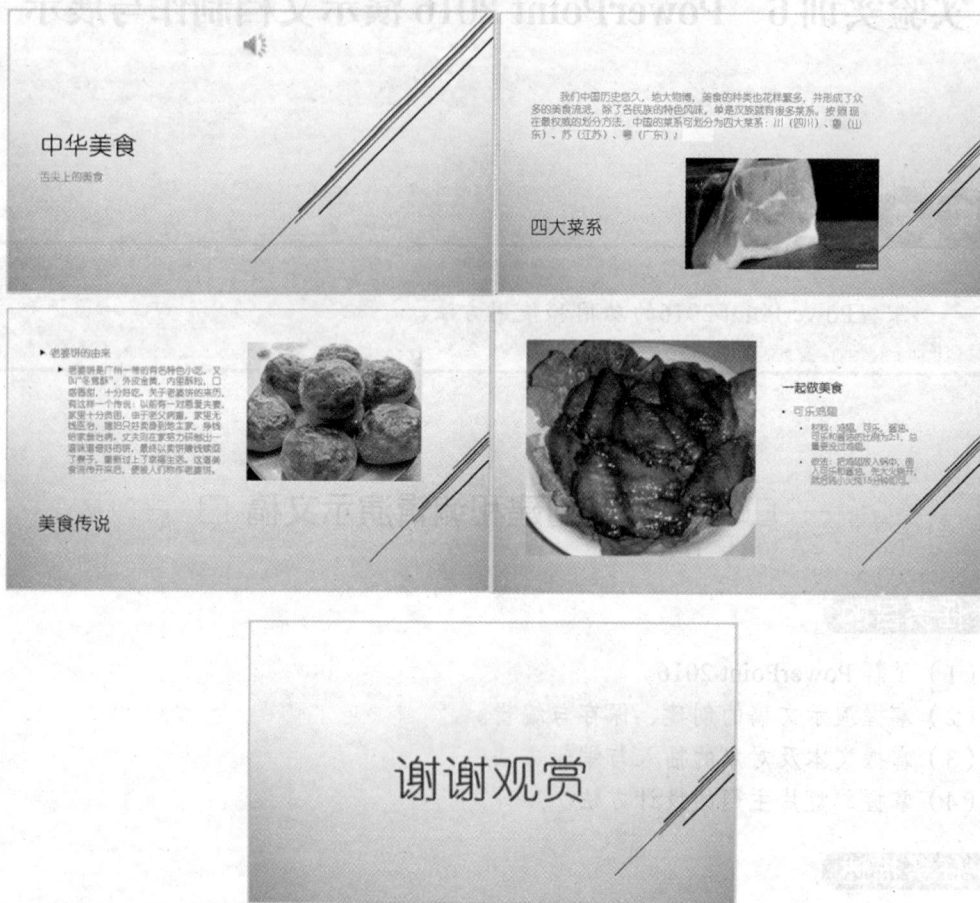

图 6-1　作品样文

★ 方法与步骤

1. 创建和保存文档

（1）单击"开始"按钮，从弹出的菜单中选择"PowerPoint 2016"命令，启动 PowerPoint 2016。

（2）如图 6-2 所示，在"开始"页面中单击"空白演示文稿"图标，创建一个新演示文稿，其中默认包含一个"标题幻灯片"版式的空白幻灯片。

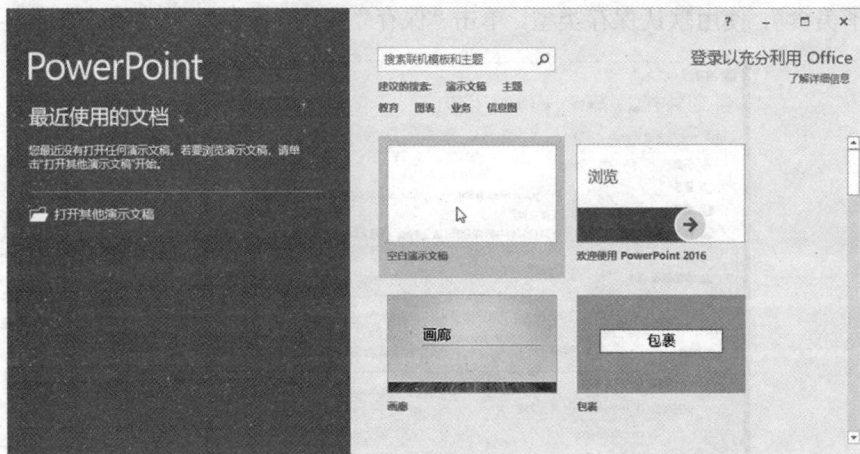

图 6-2　开始页面

（3）在"开始"选项卡中单击"幻灯片"组的"新建幻灯片"图标按钮，自动插入版式为"标题和内容"的幻灯片。

（4）在"开始"选项卡中单击"幻灯片"组的"新建幻灯片"图标下方的下拉按钮，从弹出的面板中选择"两栏内容"版式，插入第三张幻灯片，如图 6-3 所示。

（5）在"开始"选项卡中单击"幻灯片"组的"新建幻灯片"图标，插入第四张幻灯片，然后单击"幻灯片"组的"版式"按钮，从弹出的菜单中选择"内容与标题"版式，如图 6-4 所示。

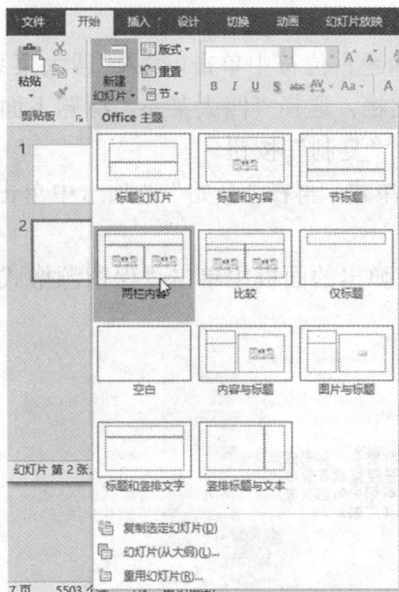

图 6-3　插入"两栏内容"版式的幻灯片

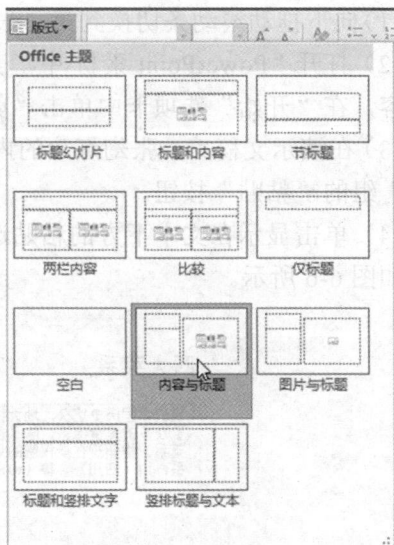

图 6-4　更改幻灯片版式

（6）单击快速访问工具栏中的"保存"按钮，转到"另存为"页面，单击"浏览"按钮，打开"另存为"对话框，在左窗格中选择保存位置，然后在"文件名"列表框中输入"中华美食"，使用默认保存类型，单击"保存"按钮，保存演示文稿，如图 6-5 所示。

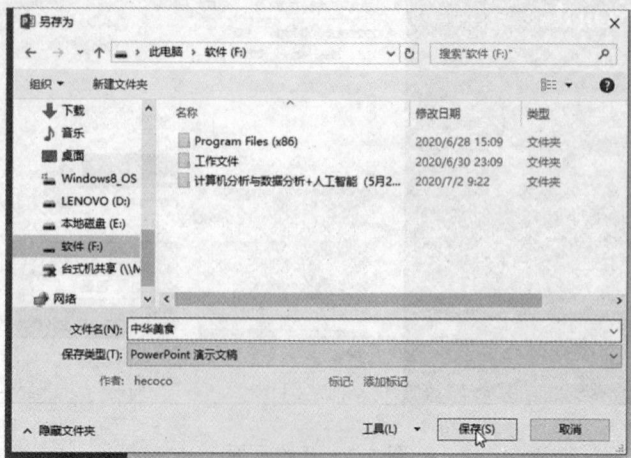

图 6-5　"另存为"对话框

2.　制作第一张幻灯片

（1）在程序窗口左侧的幻灯片窗格中单击第一张幻灯片缩略图，使其显示在编辑窗格中，根据提示在标题占位符中单击，输入"中华美食"。

（2）在副标题占位符中单击，输入"舌尖上的美食"。

3.　制作第二张幻灯片

（1）向下拖动滚动条切换到第二张幻灯片，在标题占位符中单击，输入"四大菜系"。

（2）打开"PowerPoint 素材\中华美食.docx"文档，选择"四大菜系"标题下面的正文内容，在"开始"选项卡中单击"剪贴板"组的"复制"按钮。

（3）在演示文稿第二张幻灯片的内容占位符中单击，再在"开始"选项卡中单击"剪贴板"组的"粘贴"按钮。

（4）单击显示在文本下方的粘贴选项按钮，从弹出的面板中单击"保留源格式"图标，如图 6-6 所示。

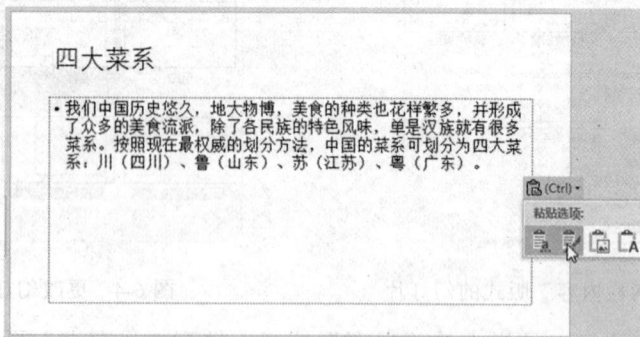

图 6-6　设置粘贴文本的格式

（5）在正文开头单击，定位光标，按"BackSpace"键，删除项目符号。

（6）在"开始"菜单中单击"段落"组右下角的控件，打开"段落"对话框，在"缩进和间距"选项卡的"特殊格式"下拉列表中选择"首行缩进"选项，再在"度量值"微调框中输入"2 字符"，单击"确定"按钮，如图 6-7 所示。

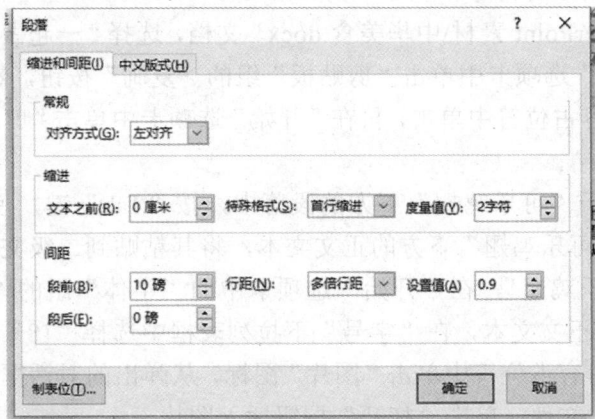

图 6-7　设置段落缩进

4.　制作第三张幻灯片

（1）切换到第三张幻灯片，在标题占位符中单击，输入"美食传说"。

（2）打开"PowerPoint 素材\中华美食.docx"文档，选择"美食传说"标题下面的"老婆饼的由来"，在"开始"选项卡中单击"剪贴板"组的"复制"按钮复制文本，然后在演示文稿第三张幻灯片左侧的内容占位符中单击，再在"开始"选项卡中单击"剪贴板"组的"粘贴"按钮。

（3）将光标放在"老婆饼的由来"下方的段落中，按"Tab"键，使段落降级，然后在 Word 文档中复制"老婆饼的由来"下方的正文文本，将其粘贴到二级文本段落中。

（4）如图 6-8 所示，在右侧的内容占位符中单击"图片"图标，从弹出的对话框中选择"PowerPoint 素材\老婆饼.jpg"文件，单击"打开"按钮插入图片。

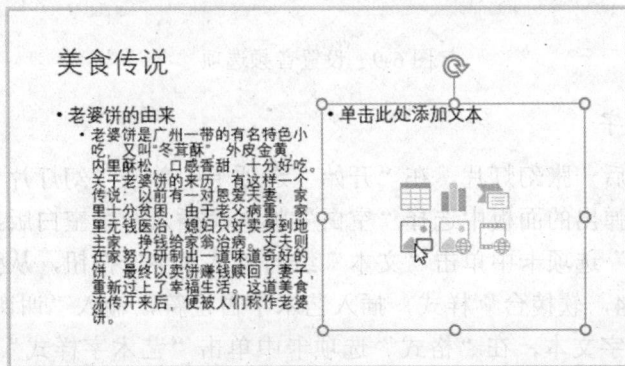

图 6-8　插入图片

5. 制作第四张幻灯片

（1）切换到第四张幻灯片，在标题占位符中输入"一起做美食"。

（2）在幻灯片左侧的内容占位符中单击，在"开始"选项卡中单击"段落"组的"项目符号"按钮，应用项目符号。

（3）打开"PowerPoint 素材\中华美食.docx"文档，选择"一起做美食"标题下的"可乐鸡翅"，在"开始"选项卡中单击"剪贴板"组的"复制"按钮，然后在演示文稿第四张幻灯片左侧的内容占位符中单击，再在"开始"选项卡中单击"剪贴板"组的"粘贴"按钮。

（4）将光标置于"可乐鸡翅"下方的段落中，按"Tab"键，使段落降级，然后在Word 文档中复制"可乐鸡翅"下方的正文文本，将其粘贴到二级文本段落中。

（5）选择"可乐鸡翅"，在"开始"选项卡中的"字体"组的"字号"下拉列表框中选择"24"；选择正文文本，在"字号"下拉列表框中选择"18"。

（6）在右侧的内容占位符中单击"图片"图标，从弹出的对话框中选择"PowerPoint 素材\可乐鸡翅.jpg"文件，单击"打开"按钮插入图片。

6. 添加音乐

（1）切换到第一张幻灯片，在"插入"选项卡中单击"媒体"组的"音频"按钮下方的下拉按钮，从弹出的菜单中选择"PC 上的音频"命令，打开"插入音频"对话框，选择"PowerPoint 素材\背景音乐.mp3"文件，单击"插入"按钮。

（2）选中显示在幻灯片中央的音频图标，将其拖动到合适位置。

（3）在"播放"选项卡中选中"音频选项"组的"跨幻灯片播放""放映时隐藏"和"循环播放，直到停止"3 个复选框，如图 6-9 所示。

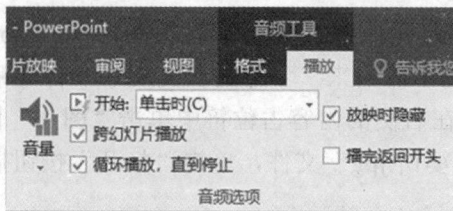

图 6-9　设置音频选项

7. 添加艺术字

（1）切换到最后一张幻灯片，在"开始"选项卡中单击"幻灯片"组的"新建幻灯片"下拉按钮，从弹出的面板中选择"空白"版式，插入一张空白版式的幻灯片。

（2）在"插入"选项卡中单击"文本"组的"艺术字"按钮，从弹出的菜单中选择"填充-金色，着色 4，软棱台"样式，插入艺术字占位符，输入"谢谢观赏"。

（3）选择艺术字文本，在"格式"选项卡中单击"艺术字样式"组的"文本填充"按钮，从弹出的面板中选择红色；单击"艺术字样式"组的"文本轮廓"按钮，从弹出的面板中选择橙色。

（4）选择艺术字文本，在"开始"选项卡的"字体"组的"字号"下拉列表中选择"96"。

8.　添加视频

（1）切换到第二张幻灯片，在"插入"选项卡中单击"媒体"组的"视频"按钮，从弹出的菜单中选择"PC 上的视频"命令，打开"插入视频文件"对话框。选择"PowerPoint 素材\美食.wmv"文件，单击"插入"按钮插入视频。

（2）拖动视频边框上的控制点调整视频框到合适大小。

（3）单击工具栏中的播放按钮查看视频播放效果，如图 6-10 所示。

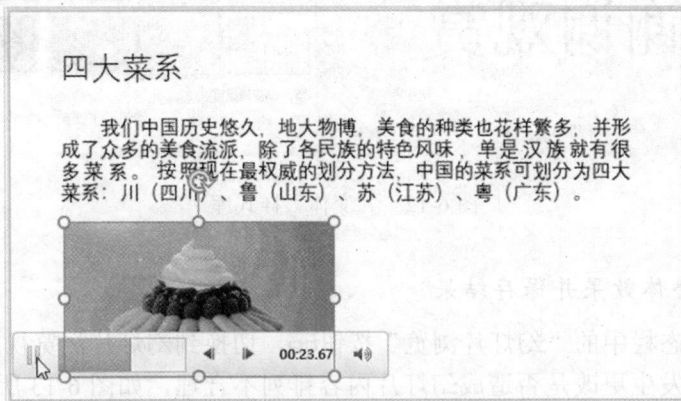

图 6-10　添加和播放视频

9.　应用主题

（1）在"设计"选项卡中展开主题样式库，选择"切片"，如图 6-11 所示。

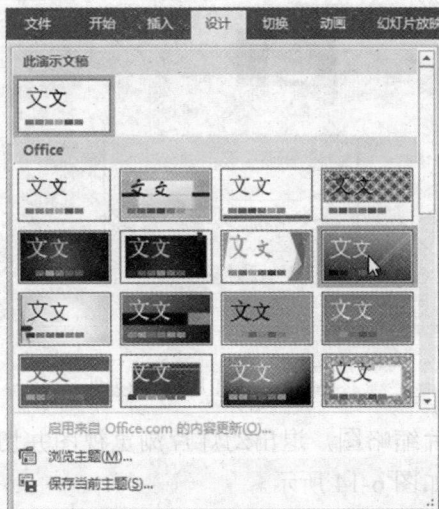

图 6-11　"设计"选项卡

（2）展开主题样式库右侧的"变体"样式库，选择"背景样式"命令，从弹出的子菜单中选择"样式 10"，如图 6-12 所示。

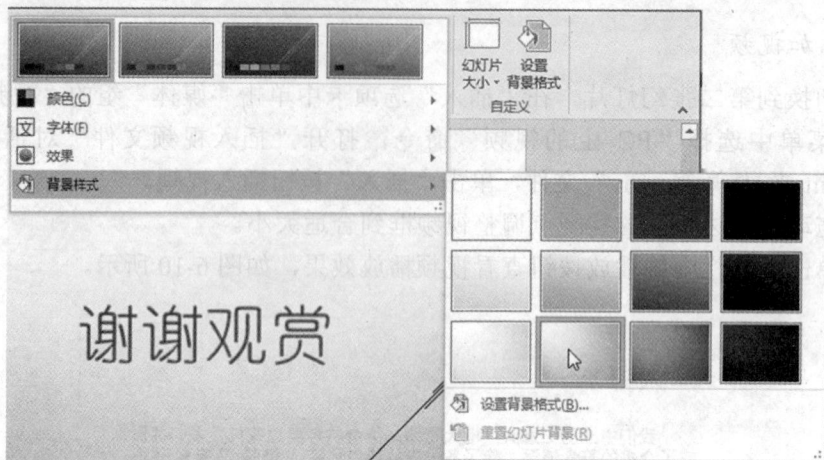

图 6-12　"变体"样式库

10.　检查整体效果并保存结果

（1）单击状态栏中的"幻灯片浏览"按钮 ，切换到幻灯片浏览视图，查看应用主题后幻灯片布局发生更改是否造成幻灯片内容排列不合理，如图 6-13 所示。

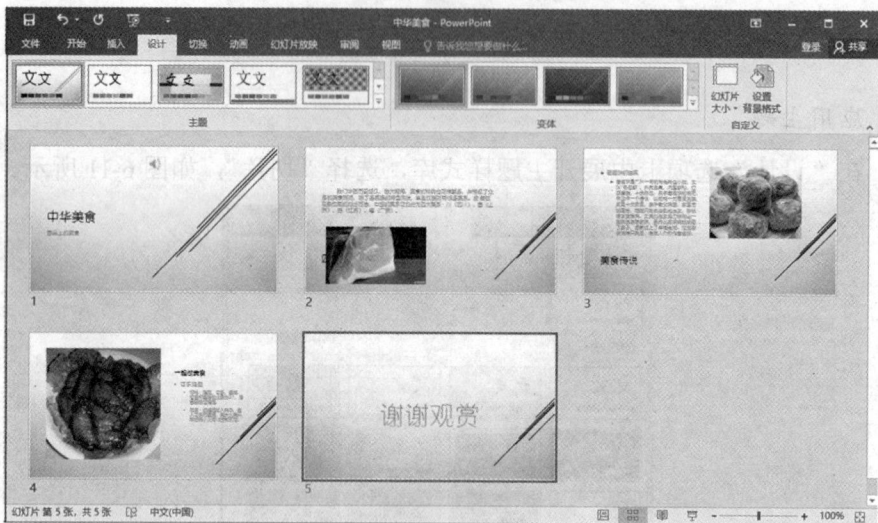

图 6-13　幻灯片浏览视图

（2）双击第二张幻灯片缩略图，退出幻灯片浏览视图并切换到第二张幻灯片，拖动其中的视频到合适位置，如图 6-14 所示。

（3）单击快速访问工具栏中的"保存"按钮，保存更改。

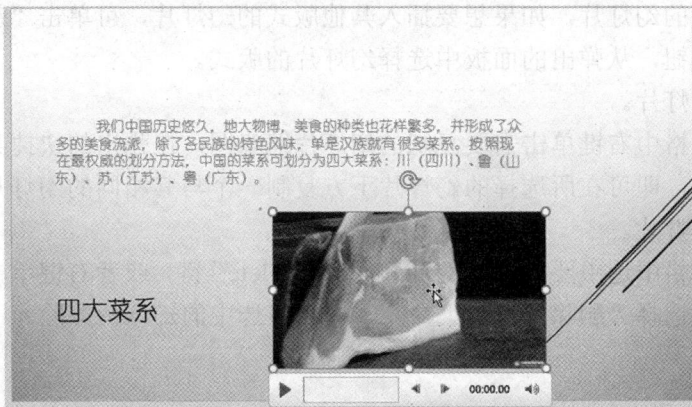

我们中国历史悠久，地大物博，美食的种类也花样繁多，并形成了众多的美食流派，除了各民族的特色风味，单是汉族就有很多菜系。按照现在最权威的划分方法，中国的菜系可划分为四大菜系：川（四川）、鲁（山东）、苏（江苏）、粤（广东）。

四大菜系

图 6-14　移动视频

📝 相关知识与技能

1.　创建和保存演示文稿

（1）创建演示文稿。

① 在"开始"页面中单击"空白演示文稿"图标，创建一个新空白演示文稿。

② 在"开始"页面中单击左侧边栏中的"新建"按钮，或者在程序主窗口中选择"文件"｜"新建"命令，跳转到"新建"页面，单击"空白演示文稿"图标，创建一个新空白演示文稿。

③ 在快速访问工具栏中单击"新建"按钮■，创建一个新空白演示文稿。

④ 按"Ctrl+N"组合键，创建一个新空白演示文稿。

⑤ 在"开始"页面中单击"更多主题"超链接文本，或者在程序主界面中选择"文件"｜"新建"命令，跳转到"新建"页面，向下拖动滚动条，选择并单击系统提供的模板图标，基于模板创建一个具有一定格式和内容的演示文稿。

（2）保存演示文稿。

① 选择"文件"｜"保存"命令。

② 使用"Ctrl+S"组合键。

③ 直接单击"保存"■按钮。

④ 选择"文件"｜"另存为"命令。

使用前三种方法保存演示文稿时，如果是第一次保存，系统会打开"另存为"对话框，即可对演示文稿进行更名。使用第四种方法可以对当前演示文稿保存副本，或变更成另外一个文件名进行保存。

2.　编辑演示文稿

（1）插入幻灯片。

在"开始"选项卡中单击"幻灯片"组的"新建幻灯片"按钮，默认会插入一张"标题与内容"版式的幻灯片，如果想要插入其他版式的幻灯片，可单击"新建幻灯片"按钮下方的下拉按钮，从弹出的面板中选择幻灯片的版式。

（2）复制幻灯片。

在幻灯片窗格中右键单击需要复制的幻灯片缩略图，在弹出的快捷菜单中选择"复制幻灯片"命令，即可在所选择的幻灯片下方复制一个与其相同的幻灯片。

（3）删除幻灯片。

在幻灯片窗格中选中要删除的幻灯片，按"Delete"键，或者右键单击所选幻灯片，从弹出的菜单中选择"删除幻灯片"命令，即可将选中的幻灯片删除。

3. 输入文本

（1）在文本占位符中添加文本。

按照文本占位符中的文字提示单击鼠标，使文本占位符进入编辑状态，直接键入或粘贴文本即可。

（2）在文本框中添加文本。

在"插入"选项卡中单击"文本"组的"文本框"按钮，即可在幻灯片中插入一个文本框，单击"文本框"按钮下方的下拉按钮，还可从弹出的下拉菜单中选择是插入横排文本框还是竖排文本框。插入文本框后，在文本框中单击，即可键入或粘贴文本。

4. 对象的插入和编辑

（1）图片。

在"插入"选项卡中单击"插图"组的"图片"按钮，打开"插入图片"对话框，在"查找范围"下拉列表中选择所需图片，然后单击"插入"按钮，选中的图片就会被插入到幻灯片中。若要设置图片大小，可单击需要调整的图片，在图片的周围即会有 8 个控点，如图 6-15 所示。此时，鼠标放在任何一个控点上，拖动鼠标，即会改变图片的大小。

图 6-15　改变图片大小

选定需要移动的图片，将鼠标放在控点以外的边框上，鼠标会变成十字形，此时拖动鼠标，即可移动图片。

（2）表格。

如果幻灯片中有对象占位符，直接在对象占位符中单击"插入表格"图标，打开"插入表格"对话框，输入列数和行数，单击"确定"按钮即可插入表格。

如果要在没有占位符的幻灯片中插入表格，可直接在"插入"选项卡中单击"表格"组的"表格"按钮，从弹出的下拉面板中选择"插入表格"命令，打开"插入表格"对话框，设置要插入表格的列数和行数，然后单击"确定"按钮，即可在幻灯片中直接插入表格，如图 6-16 所示。

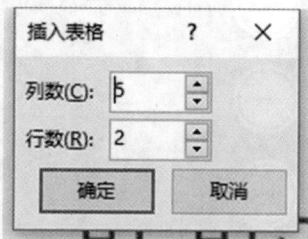

图 6-16　"插入表格"对话框

插入表格后，即可在其中输入内容，并对表格中的文字进行格式化，格式化方式与 Word 表格的编辑方式相同。此外还可以使用表格工具的"设计"选项卡中的工具为表格应用表格样式、边框样式、填充样式等。

（3）SmartArt 图形。

在幻灯片中的内容占位符中单击"插入 SmartArt 图形"图标，或者在"插入"选项卡中单击"插图"组的"SmartArt"按钮，打开如图 6-17 所示的"选择 SmartArt 图形"对话框，在其中选择所需的图形样式，单击"确定"按钮，即会在幻灯片中插入相应图形。

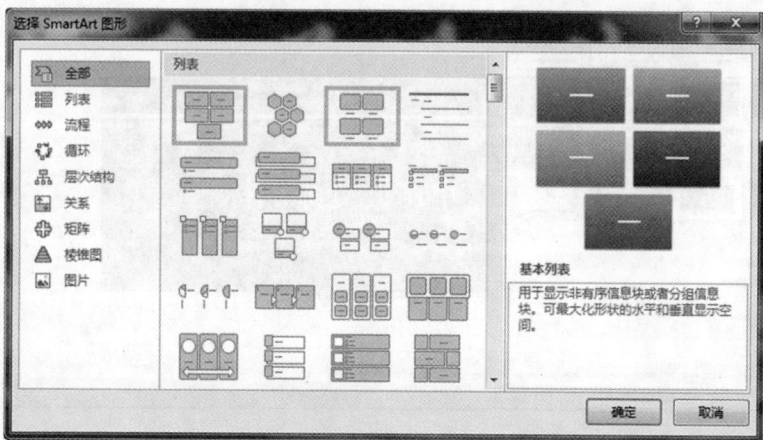

图 6-17　"选择 SmartArt 图形"对话框

在 SmartArt 图形自带的文本框中输入所需内容，再设置合适样式，即完成插入 SmartArt 图形操作。

（4）插入形状。

在"插入"选项卡中单击"插图"组的"形状"按钮，从弹出的下拉列表框中选择要插入的图形样式，如"圆形"，然后在幻灯片中单击或拖动，即可插入相应图形。插入的形状可以更改大小、位置、轮廓颜色和样式、填充颜色或图案等，此外还可以在形状中添加文字，方法是右键单击图形，从弹出的快捷菜单中选择"编辑文字"命令，使图形进入文字编辑状态，然后直接键入或粘贴文本即可，如图 6-18 所示。

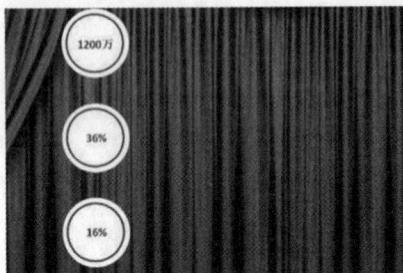

图 6-18　在形状中添加文字

5.　主题的概念与应用

主题是一组格式选项，包括一组主题颜色、一组主题字体和一组主题效果，在"设计"选项卡中展开"主题"组的样式列表，从中选择一种合适的主题样式，即可快速更改幻灯片的背景、字体和颜色等，如图 6-19 所示。

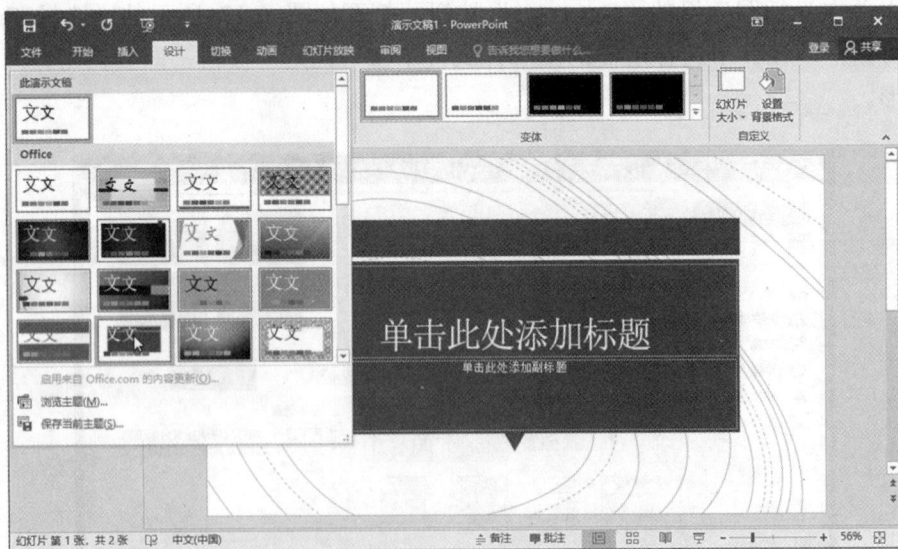

图 6-19　"主题"组的样式列表

──□　**任务 2　演示文稿的设计、播放和输出**　□──

◯ **任务目的**

（1）掌握母版和幻灯片背景的设置方法。

（2）掌握对象的动画效果和幻灯片切换动画的设置方法。

（3）掌握演示文稿的放映和输出。

◯ **任务描述**

（1）修改母版，在背景中使用背景图片，完成后的效果如图 6-20 所示。

（2）设置幻灯片中对象的自定义动画效果，为文本对象添加淡出效果，为图片对象添加飞入效果。

（3）切换到幻灯片浏览视图，为幻灯片添加随机切换效果。

（4）从开始放映演示文稿，然后设置打印选项，将所有幻灯片都打印在一张 A4 纸上。

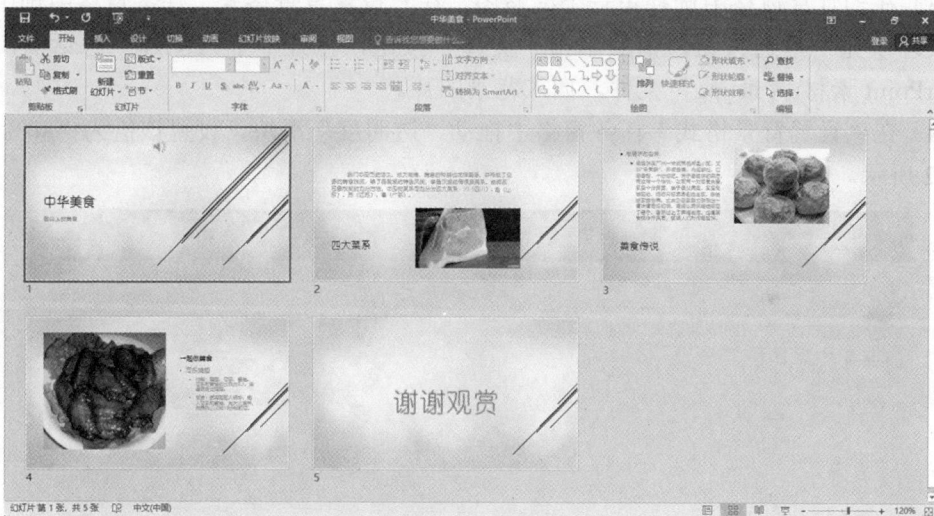

图 6-20　更改母版后的效果

★ **方法与步骤**

1．母版与背景

（1）打开"中华美食"演示文稿，在"视图"选项卡中单击"母版视图"组的"幻灯片母版"按钮，切换到幻灯片母版视图。

（2）在幻灯片窗格中选择标题幻灯片，在"幻灯片母版"选项卡中单击"背景"组的"背景样式"按钮，显示"设置背景格式"任务窗格，在其中清除"隐藏背景图形"复选框，如图 6-21 所示。

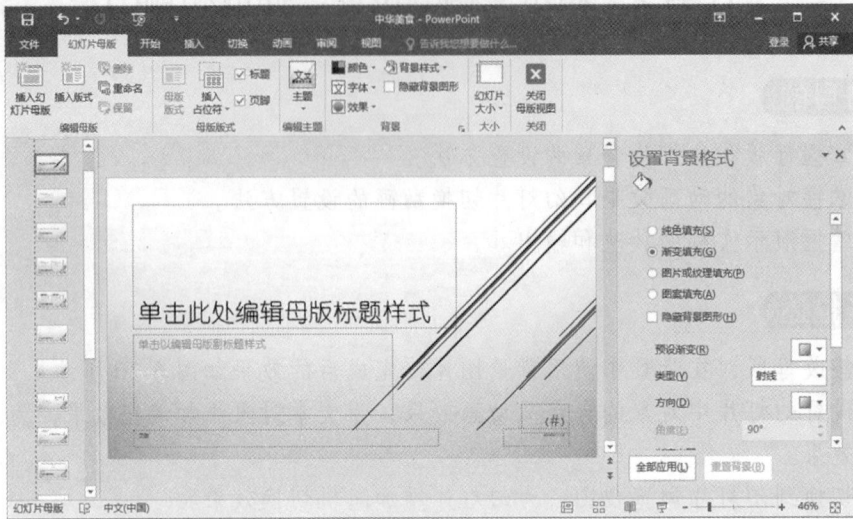

图 6-21　在"幻灯片母版"视图中设置背景格式

（3）在幻灯片窗格中选择第一个缩略图，在"设置背景格式"任务窗格中选中"图片或纹理填充"单选按钮，然后单击"文件"按钮，打开"插入图片"对话框，双击"PowerPoint 素材\背景.jpg"文件，插入背景图片。

（4）在"设置背景格式"任务窗格中拖动"透明度"滑块，设置该值为"80%"，如图 6-22 所示。

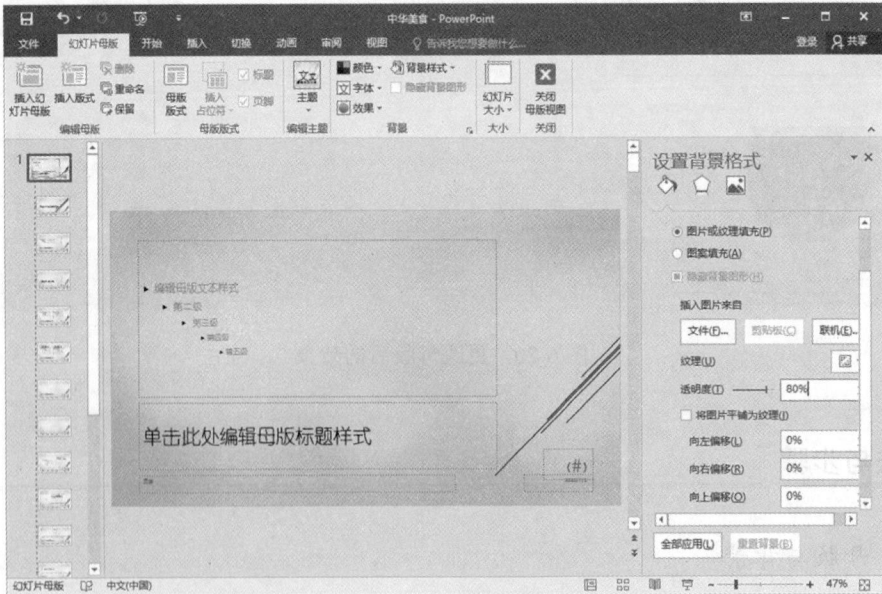

图 6-22　设置图片背景

（5）单击"全部应用"按钮，然后单击"设置背景格式"窗格右上角的"关闭"按钮关闭任务窗格。

（6）在"幻灯片母版"视图中单击"关闭"|"关闭母版视图"按钮，退出母版视图。

2．自定义动画

（1）第一张幻灯片。

1）标题动画：在第一张幻灯片中选择标题占位符，在"动画"选项卡中的"动画"样式列表中选择"淡出"效果，在"计时"组的"开始"下拉列表中选择"单击时"命令，在"持续时间"微调框中输入"00.50"，在"延迟"微调框中输入"00.50"，如图6-23 所示。

图 6-23　标题文本的动画效果

2）副标题动画：选择副标题占位符，在"动画"选项卡中的"动画"样式列表中选择"淡出"效果，在"计时"组的"开始"下拉列表中选择"上一动画之后"命令，在"持续时间"微调框中输入"00.50"，在"延迟"微调框中输入"00.50"。

3）预览动画效果：单击"预览"组的"预览"按钮观看动画效果。

（2）第二张幻灯片。

切换到第二张幻灯片，分别选择标题文本和正文文本，参照第一张幻灯片中副标题的设置参数设置动画效果。

（3）第三张幻灯片。

1）文本动画：切换到第三张幻灯片，分别选择标题文本、一级正文文本和二级正文文本，参照第一张幻灯片中副标题的设置参数设置动画效果。

2）图片动画：选择图片对象，在"动画"组的"动画"样式列表中选择"飞入"效果，然后单击"动画"组的"效果选项"按钮，从弹出的菜单中选择"自顶部"命令。参照第一张幻灯片中副标题的设置参数设置动画的开始时间、持续时间和延迟时间。

（4）第四张幻灯片。

切换到第四张幻灯片，参照前几张幻灯片中文本和图片的设置参数设置对象动画效果。

（5）第五张幻灯片。

切换到第五张幻灯片，选择艺术字，在"动画"组的"动画"样式列表中选择"浮入"效果，在"动画"组的"计时/开始"下拉列表框中选择"上一动画之后"命令，在"持续时间"微调框中输入"01.00"，在"延迟"微调框中输入"00.50"。

3．切换动画

单击状态栏中的"幻灯片浏览"图标，切换到幻灯片浏览视图，选择一张幻灯片，在"切换"选项卡中展开"切换到此幻灯片"样式列表，选择"推进"效果；单击"切换到此幻灯片"组的"效果选项"按钮，从弹出的菜单中选择"自左侧"命令；在"计时"组的"声音"下拉列表中选择"推动"命令；并选中"计时"组的"单击鼠标时"复选框。最后单击"计时"组的"全部应用"按钮。设置切换动画后在幻灯片右下角会出现一个星状图案，如图 6-24 所示。

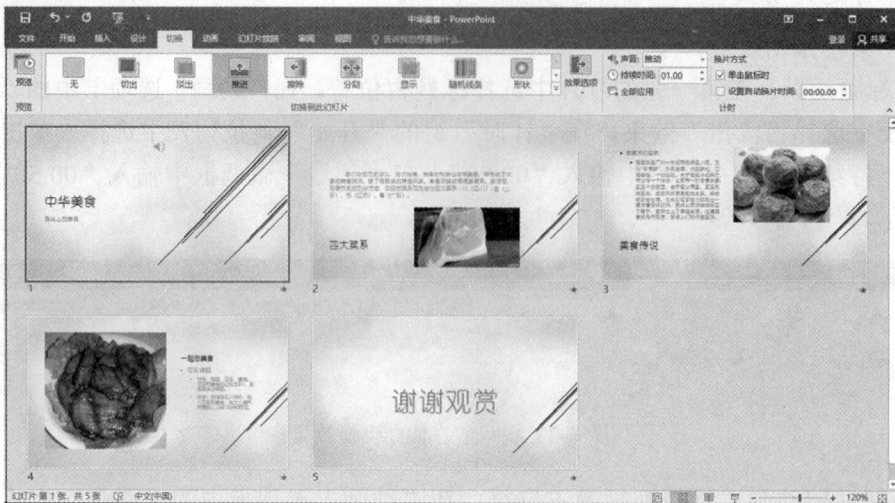

图 6-24　设置幻灯片切换效果

4. 放映输出

（1）选择第一张幻灯片，单击状态栏中的"幻灯片放映"按钮，从头预览幻灯片的动画切换效果。放映过程中可按指定设置单击鼠标切换幻灯片直至结束。

（2）选择"文件"|"打印"命令，切换到"打印"页面，在"打印版式"下拉列表框中选择"6 张水平放置的幻灯片"选项，如图 6-25 所示。如果连接了打印机，在"打印机"下拉列表框中选择已连接的打印机，单击"打印"按钮即可打印。

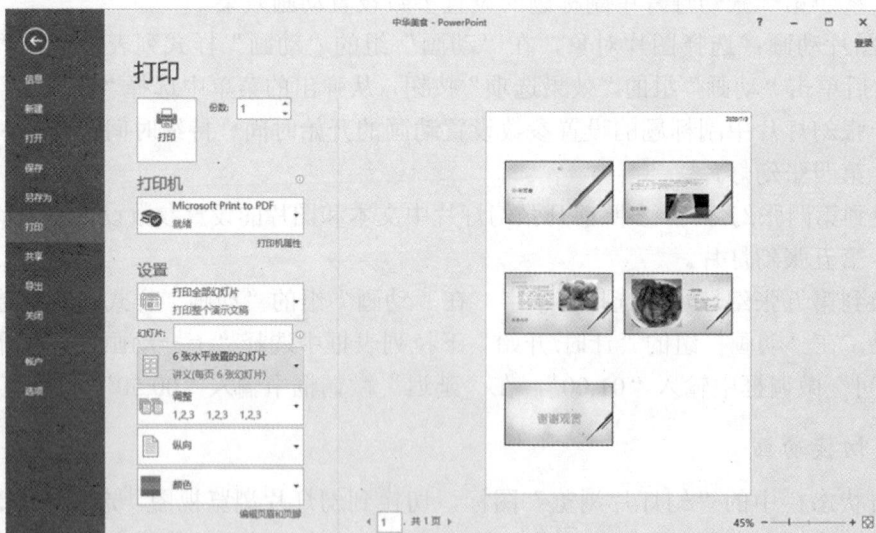

图 6-25　设置打印版式

相关知识与技能

1. 自定义动画

PowerPoint 演示文稿中有 4 种自定义动画效果：进入、强调、退出、动作路径。这四种动画效果可以单独使用，也可以将多种效果组合在一起。

选择要添加动画效果的对象，然后在"动画"选项卡中单击"高级动画"组的"添加动画"按钮，从弹出的菜单中选择效果图标，或者选择"更多进入效果" | "更多强调效果" | "更多退出效果" | "添加动作路径"命令，打开"添加动作路径"对话框，选择所需的动画效果，单击"确定"对话框，即可为所选对象添加相应的动画效果。

2. 幻灯片切换

选择要应用切换效果的幻灯片，在"切换"选项卡中的"切换到此幻灯片" | "切换方案"下拉列表中选择要使用的切换动画效果，然后单击"效果选项"按钮，从弹出的下拉菜单中选择当前切换动画的效果选项，即可为当前幻灯片添加切换动画，如图 6-26 所示。

图 6-26　"切换到此幻灯片"选项组

3. 放映幻灯片

（1）从头开始放映：打开需要放映的文件，在"幻灯片放映"选项卡中单击"开始放映幻灯片"组的"从头开始"按钮，或者按"F5"键，系统就会开始从头放映演示文稿。单击鼠标即可切换到下一张幻灯片的放映。

（2）从当前幻灯片开始放映：切换到要做为开头放映的幻灯片，然后在"幻灯片放映"选项卡中单击"开始放映幻灯片"组的"从当前幻灯片开始"按钮，或者按"Shift+F5"组合键，系统即会从当前显示的幻灯片开始放映演示文稿。全部放映后，系统会提示用户放映结束，单击鼠标即可退出放映。

（3）自定义放映：打开需要放映的文件，在"幻灯片放映"选项卡中单击"开始放映幻灯片"组的"自定义幻灯片放映"按钮，打开"自定义放映"对话框。单击"新建"按钮，打开"定义自定义放映"对话框，在"幻灯片放映名称"文本框中输入放映名称，再在"在演示文稿中的幻灯片"列表框中选中要放映的幻灯片，单击"添加"按钮，此幻灯片即被添加到"在自定义放映中的幻灯片"列表框中，如图 6-27 所示。

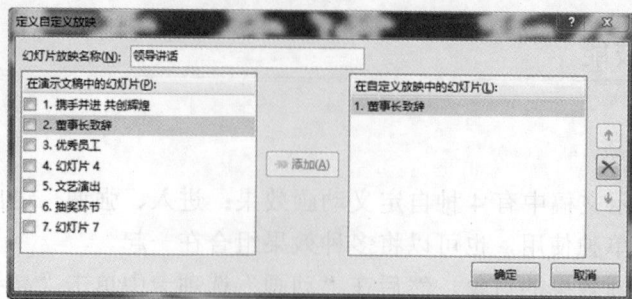

图 6-27　在"定义自定义放映"对话框中添加幻灯片

添加完要自定义放映的幻灯片后，单击"确定"按钮返回"自定义放映"对话框，单击"放映"按钮，即开始按照用户自定义的幻灯片内容及顺序放映演示文稿，如图 6-28 所示。

图 6-28　放映自定义幻灯片

4. 设置幻灯片放映方式

打开需要放映的文件，在"幻灯片放映"选项卡中单击"设置"组的"设置幻灯片放映"按钮，打开如图 6-29 所示的"设置放映方式"对话框。在"放映类型"选项组中根据自己的需要设置放映方式后单击"确定"按钮，即可完成放映方式的设置。

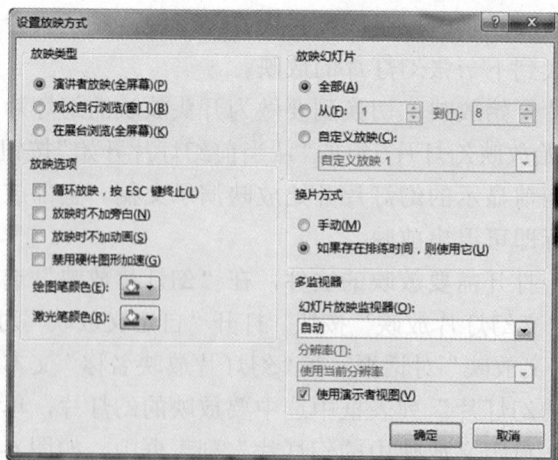

图 6-29　"设置放映方式"对话框

5. 排练计时

打开需要放映的文件，在"幻灯片放映"选项卡中单击"设置"组的"排练计时"按钮，演示文稿会自动进入放映状态，同时显示如图 6-30 所示的"录制"浮动工具栏，当第一页幻灯片排练结束后，单击"下一项"按钮➔，即可进行下一页的排练。

图 6-30　"录制"浮动工具栏

若要设置放映时间，可在"录制"工具栏中的"幻灯片放映时间"文本框中输入一个合适的时间，如"0:00:07"，之后即会按此时间放映幻灯片。有的幻灯片都设置完成后，会打开一个提示对话框，询问用户是否保留排练时间，单击"是"按钮即可。

6. 幻灯片母版的制作

（1）幻灯片母版。

通过更改幻灯片母版可以更改整个演示文稿中幻灯片的外观。在"视图"选项卡中单击"母版视图"组的"幻灯片母版"按钮，切换到幻灯片母版视图中，更改首个幻灯片的元素，即可修改演示文稿整体外观，如图 6-31 所示。若只需更改某个版式的幻灯片外观，则在幻灯片母版中选择相应版式的幻灯片，更改其中的元素即可。

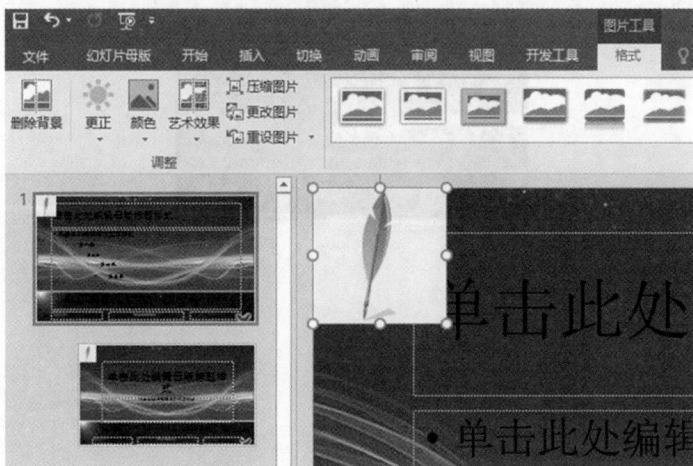

图 6-31　在幻灯片母版的首页中插入图片可更改所有幻灯片外观

（2）讲义母版。

在"视图"选项卡中单击"母版视图"组的"讲义母版"按钮，切换到"讲义母版"视图中，在此可以更改讲义的方向、每个页面中所包含的幻灯片张数，还可以设置页眉、日期、页脚和页码等，如图 6-32 所示。

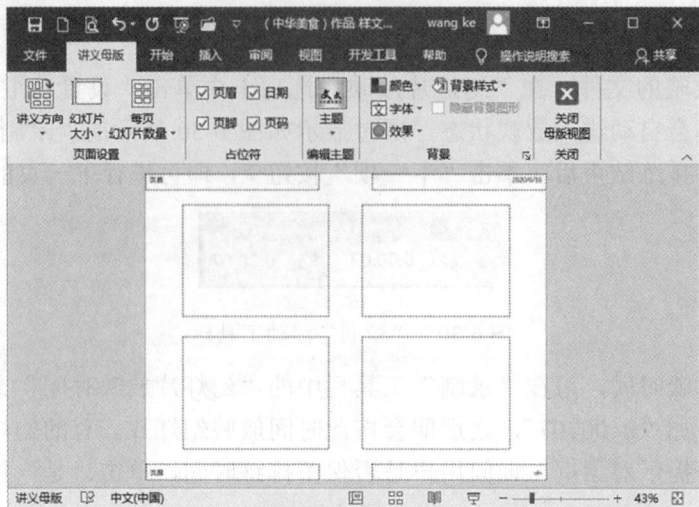

图 6-32 编辑讲义母版

（3）备注母版。

选择"视图"选项卡中的"母版视图"组的"备注母版"按钮，切换到"备注母版"视图中，在"备注母版"选项卡中可以对备注页进行设置，如图 6-33 所示。

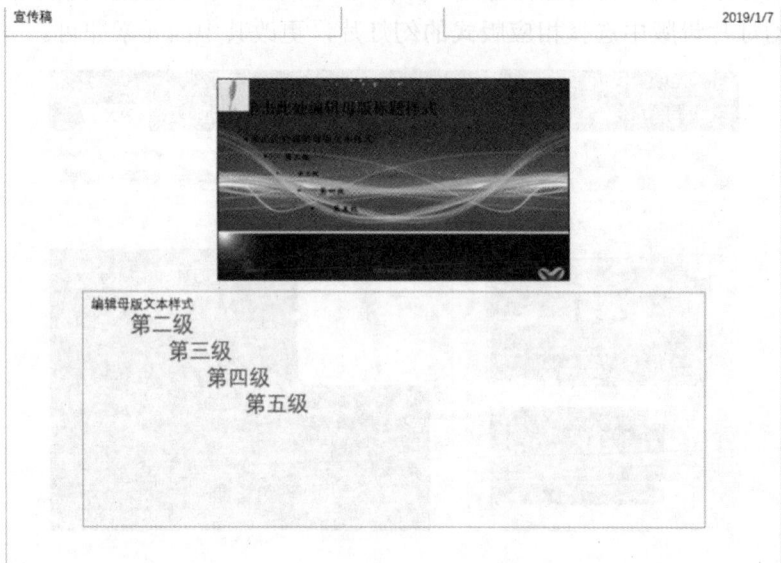

图 6-33 编辑备注母版

实验实训 7　人工智能技术及应用概论

（1）了解人工智能的发展简史。
（2）了解人工智能的常用技术。
（3）认识人工智能的商业应用。

实验目的：

（1）了解人工智能的发展简史。
（2）了解人工智能的常用技术。
（3）认识人工智能的商业应用。

任务 1　了解人工智能的发展简史

任务目的

了解人工智能的概念以及人工智能的发展历程。

任务描述

近几年来，人工智能成为一个热门话题，人工智能技术的应用也悄然出现在我们的生活之中，那么，究竟什么是人工智能？它的发展历程和发展前景又如何呢？

✦ 方法与步骤

1.　分组

班级同学以 5 人为一小组，明确小组分工，选举小组组长。

2. 收集资料

各小组收集关于人工智能的信息，并认真填写下表。

身边的人工智能	应用方式	应用场合

3. 编写讨论稿

各小组整理调查的内容，写成发言提纲，和其他小组交流。

✐ 相关知识与技能

1. 人工智能的概念

总体来讲，目前对人工智能的定义大多可归结为四类，即机器"像人一样思考""像人一样行动""理性地思考"和"理性地行动"。这里"行动"应广义地理解为采取行动，或制定行动的决策，而不是肢体动作。

2. 人工智能的发展历程

（1）启蒙时代。

1950 年，阿兰·图灵在他的论文《计算机与智能》中提出了著名的图灵测试，用来判断一个机器是否具有人类智能。1956 年，在达特茅斯学院举办的一次会议上，计算机专家约翰·麦卡锡提出了"人工智能"（AI）一词，这是人工智能学科正式诞生的标志。

在 1956 年的达特茅茨会议之后，人工智能迎来了第一段发展期，计算机被广泛应用于数学和自然语言领域，用来解决代数、几何和英语问题。到了 20 世纪 90 年代中期，随着 AI 技术尤其是神经网络技术的逐步发展，以及人们对 AI 开始抱有客观理性的认知，人工智能技术开始进入平稳发展时期。1997 年 5 月 11 日，IBM 的计算机系统"深蓝"战胜了国际象棋世界冠军卡斯帕罗夫，又一次在公众领域引发了现象级的 AI 话题讨论，这是人工智能发展的一个重要里程。2006 年，Hinton 在神经网络的深度学习领域取得突破，人们又一次看到"机器赶超人类的希望"，这也是标志性的技术进步。众多的科技公司，纷纷加入人工智能产品的战场，掀起又一轮的智能化热潮。

（2）人工智能的春天——语音识别。

20 世纪 80 年代末期，人工智能因专家系统的兴起再次引起众多关注，一些大企业也开发了各自领域的专家系统，例如医学诊断专家系统，矿藏勘探专家系统等。

进入到 21 世纪，随着神经网络、遗传算法等新算法的成熟，以及深度学习领域核心问题的突破，人工智能的热潮再次来临，深度学习技术的发展，使计算机具有了模拟人类的功能特点，在视觉技术、听觉技术、自然语言理解上已经达到了人类的初级水平，这些技术逐步地应用在服务行业中，并渗透进入日常生活中。这些成就得益于模式识别技术的兴起。模式识别技术起源于 19 世纪 50 年代，在 20 世纪 70～80 年代风靡一时，主要被应用于图像分析与处理、语音识别、声音分类、通信、计算机辅助诊断、数据挖掘等方面。而在这些应用之中，离我们最近的当属语音识别（自然语言理解）技术。可以说，语音识别技术的广泛应用标志着人工智能的春天的到来。

（3）人工智能的爆发——深度学习。

深度学习是一种实现机器学习的技术，目的是建立、模拟人脑进行分析学习的神经网络，它模仿人脑的机制来解释数据，例如图像、声音和文本。深度学习的概念源于人工神经网络的研究，主要依赖于深度神经元网络，这种神经网络类似于人类的大脑，其学习过程也与人类十分相似。基本上，当给它输入海量的数据以后，它就会通过训练学习到海量数据的特征。

深度学习在大数据处理上具有很强的优势，深度学习可以用更多的数据或是更好的算法来提高算法学习的结果。在性能表现方面，深度学习探索了神经网络的概率空间，与其他工具相比，深度学习算法更适合无监督和半监督学习，更适合强特征提取，也更适合视频和图像识别领域、文本识别领域、语音识别领域、自动驾驶领域等。

──□ 任务 2　初探人工智能的常用技术 □──

任务目的
了解人工智能的常用技术。

任务描述
（1）了解数字图像处理技术。
（2）了解语音识别技术。
（3）了解自然语言处理技术。

★ 方法与步骤

1. 分组
班级同学以 5 人为一小组，明确小组分工，选举小组组长。

2. 收集资料

各小组收集关于人工智能技术的应用实例，如智能家居、智能机器人等，并认真填写下表。

数字图像处理技术的应用	语音识别技术的应用	自然语言处理技术的应用

3. 编写讨论稿

各小组整理调查的内容，写成发言提纲，和其他小组交流。

相关知识与技能

1. 数字图像处理技术

数字图像处理又称为计算机图像处理，是指将图像信号转换成数字信号并利用计算机对其进行处理的过程。数字图像处理的常用方法有图像变换、图像编码压缩、图像增强和复原、图像分割、图像描述、图像分类（识别）等。数字图像处理技术主要应用在以下几个方面：

（1）航空航天。

（2）生物医学工程。

（3）通信工程。

（4）工业和工程。

（5）军警与民用。

（6）文化艺术领域。

（7）机器视觉。

（8）视频和多媒体系统。

（9）科学可视化。

（10）电子商务。

2. 语音识别技术

通俗来讲，语音识别技术就是将语音转化为文字，并对其进行识别认知和处理。语音识别的主要应用包括医疗听写、语音书写、电脑系统声控、电话客服等。

3．自然语言处理技术

自然语言处理是研究人与计算机交互的语言问题的一门学科，自然语言处理的关键是要让计算机"理解"自然语言，所以自然语言处理又叫做自然语言理解，也称为计算语言学，这也是人工智能（AI）的核心课题之一。目前这项技术已经应用到了家用产品上，给人们的生活和学习带来了很多乐趣与便利，如现在热卖的教学机器人、AI 智能生活家居产品等。

──□ 任务 3　认识人工智能的商业应用 □──

◯ 任务目的

了解人工智能在商业方面的具体应用。

◯ 任务描述

任何科学技术最终都是要为民生服务的，人工智能也不例外，因此人工智能产品的商业化是必然的趋势，且需求旺盛，这就要求我们必须了解人工智能的商业应用知识，尤其是与我们的生活息息相关的自动驾驶、智慧生活、智慧物流、智慧医疗等。

★ 方法与步骤

1．分组

班级同学以 5 人为一小组，明确小组分工，选举小组组长。

2．收集资料

各小组收集人工智能技术在商业中的应用实例并认真填写下表。

名称	应用领域	技术范畴

3. 编写讨论稿

各小组将调查的内容整理，写成发言提纲，和其他小组交流。

相关知识与技能

1. 车辆自动驾驶：智慧路线规划和障碍判断

人工智能技术在车辆自动驾驶领域取得了很大的进展，为什么要在汽车的驾驶中使用车辆自动驾驶技术呢？首先是安全。根据统计，仅在美国平均每天就有 103 人死于交通事故，全球每年有 124 万人因交通事故而死亡。超过 94%的碰撞事故都是由于驾驶员的失误而造成的。从理论上说，一个完美的车辆自动驾驶方案，在全球每年可以挽救约百万人的生命。当然，目前车辆自动驾驶技术还远远没有达到完美程度。但是随着汽车技术、通信技术、智能算法和传感器技术的进步，有理由相信，在不久的将来，车辆自动驾驶将超过人类司机的驾驶安全率。车辆自动驾驶带来的另外的好处就是方便。车辆自动驾驶可以将驾驶员从方向盘后面解放出来，在乘车时进行工作和娱乐。

有了车辆自动驾驶，可以实现驾驶资源的高效共享。很多关注共享出行的公司，都在积极研究车辆自动驾驶，因为共享出行最大的成本来自司机的时间。如果能够实现车辆自动驾驶，那么人们可以不再买车和养车，完全依赖于共享出行。车辆自动驾驶也可以有效地减少拥堵。如果说前面这些优点还有赖于车辆自动驾驶的大范围普及的话，那么减少拥堵这个优点，就可以说是立竿见影了。

2. 智慧生活：从机器翻译到智慧超市

人工智能的应用也应用于自然语言处理领域，例如机器翻译，就是利用计算机将一种自然语言（源语言）转换为另一种自然语言（目标语言）的过程。它是计算语言学的一个分支，也是人工智能的重要应用领域之一，具有重要的科学研究价值。

2014 年，由于机器学习技术的巨大进步，机器翻译迎来了史上最重要的发展期。自从 2006 年 Geoffrey Hinton 改善了神经网络优化过于缓慢的致命缺点后，深度学习就不断地伴随各种奇迹似的成果频繁出现。2015 年，机器首次实现在图像识别的能力上超越人类；2016 年，AlphaGo 战胜围棋世界冠军；2017 年，某款智能应用的语音识别速度超过人类速记员；2018 年，议会议演示中，机器英文阅读理解超越比赛者。当然机器翻译这个领域也因为有了深度学习这块沃土而开始茁壮成长。

根据《2020 国务院政府工作报告》的要求，我们要加快培育新型消费，创新无接触、少接触型消费模式，探索发展智慧超市、智慧商店、智慧餐厅等新零售业态。人工智能将助力这些新零售业态的发展，如智慧超市将人工智能技术应用于客流统计，可以从性别、年龄、行为、新老顾客、滞留时长等维度建立到店客流用户画像，从而合理调配商品储备，同时与智能支付相结合，实现无人商超的运营。

3．智慧物流：智慧仓库和智能运输

随着电子商务的蓬勃发展，物流的吞吐量剧增，人工分拣显然无法满足需求，因此智慧仓库和智能分拣应运而生，在京东、天猫的储运仓库中，早已实现了智能分拣。全球首创的物流自动化分拣机器人发明于中国杭州，一小时可以分拣 1.8 万件包裹，节省了 70%的人力，如图 7-3 所示。甚至于快递，现在也已使用了无人机，虽然这只是小规模试验，但未来可期。

图 7-3　中国首创的物流自动化分拣机器人——小黄人

在城市交通管理领域，也融入了人工智能技术。在城市中，我们出行经常会遇到道路拥堵的情况，尤其是在十字路口，现在的路口信号灯的时间是预先设定的固定时长，但有时候南北方向上的车流很少，但是东西方向的车流已经拥堵得很厉害了，信号灯不会智能地动态调整。使用了人工智能技术的信号灯就可以很好地解决这个问题，通过摄像头、红绿灯全局感知到这个路口的流量状况，并测算出拥堵时长和拥堵长度，之后会按照全局调节的思路制定一套配时优化策略，将这个路口的绿灯配时延长，相应地其他几个路口的绿灯配时缩短，如此一来拥堵路口的通行效率得以提升，同时也节约了其他路口的路灯等待时间。

在交通出行中，我们现在经常使用的导航软件中，也渗透了人工智能技术，给使用者提供更好的导航体验。例如导航软件将人机语音交互功能内置到移动端地图导航应用中，使用者可以通过语音来指挥导航线路的规划，无须使用手指操作手机，提高了安全系数，导航软件可以估计到达时间，甚至预测第二天道路路况，这些功能都是基于人工智能技术和海量数据的积累，对未来结果进行的智能化预测。

地图导航与计算机视觉技术还可以结合，通过 VR 技术在用户端提供更真实的使用体验，使用户体验更加真实和立体，比如让机器从卫星遥感影像、无人机航拍影像中识别和标注道路信息，从街景汽车拍摄的街道影像数据中识别道路两旁的店铺名称，以及车道线、车道标牌等信息。这些视觉类人工智能技术的应用，让原本需要大量人工处理的繁重工作，转变为由机器自动化、规模化完成的工作。

4．智慧医疗：健康管理和分析平台

在医疗领域，医院也在使用 AI 技术在客户端帮助病人选择科室，图像识别技术在这个领域也被用于分析 X 光片、CT 片或医学探头录像等医学影像，从数字层面分析可能存在的病灶，并结合大量医学案例，进行智能诊断，再由医生综合确认，一定程度地减轻了医生的工作量。

尤其是在医学影像领域，人工智能技术更是取得了实质性的进展。医学影像是指为了医疗或医学研究，对人体或人体某部分，取得内部组织影像的技术与处理过程，它包含以下两个研究方向：医学成像系统和医学图像处理。目前的人工智能是以深度学习为代表的一系列技术，它在影像，特别是图像的分析上，与传统的人工智能方法或传统机器学习方法相比，进展最大。如今医疗领域面临着数据爆炸的情况，届时医生将面临海量的医学影像，人工智能将最大程度地减轻医生的负担，同时提高诊断的准确性。从这个角度来说，人工智能能够很好地缓解医生资源紧缺的问题，提高医生工作效率，医院可以利用人工智能进行一定范围内的居民健康管理。通过人工智能模拟医生诊疗过程并给出诊疗建议，比如日常服用药物，或者就近联系医生等，满足常见病的咨询需求。这也给患者和医生节省了大量的时间。

面对医疗数据爆炸的未来，人工智能提供了解决方案，那就是用人工智能赋能现有的临床工作流程，承担医生的助手这一角色。一个病人躺在核磁共振机器里进行扫描时，他的身体影像会自动上传到医院的本地云服务器上，通过人工智能的分析，不需要任何人的干预，就能快速给出一份准确、清晰、自然的医学报告。这个工作以前是由医生来承担的，如今医生只需检查这一报告是否与自己的诊断吻合，这就大大减少了工作量，提高了诊疗效率，也减少了患者的等待时间。

实验实训 8　大数据技术原理及应用概论

了解大数据的概念、技术原理及应用领域。

——□　任务 1　了解大数据的发展简史　□——

任务目的

了解大数据的概念、大数据面临的主要问题以及大数据与人工智能的关系。

任务描述

"大数据"离我们的生活越来越近，甚至已经渗透到了我们生活的方方面面，那么究竟什么是大数据？大数据是怎么对数据进行处理的？大数据与人工智能又有什么关系？下面就来探究这些问题。

★ 方法与步骤

1. 分组

班级同学以 5 人为一小组，明确小组分工，选举小组组长。

2. 收集资料

各小组收集关于大数据的信息，并认真填写下表。

大数据的定义是否包括以下内容	是或否	大数据是与什么有关的	是或否
更大范围的信息		物流	
新型的数据和分析		金融	
实时信息		交通	
来自新技术的数据涌入		旅游	
非传统信息的媒体		医学	
大量的数据		其他（请填写）＿＿＿＿＿＿	
最新流行语			

3. 编写讨论稿

各小组整理调查的内容，写成发言提纲，和其他小组交流。

✐ 相关知识与技能

1. 大数据的概念

目前，对于大数据的定义并没有标准答案，但鉴于对于大数据的现有认知，可以总结出大数据概念的几个关键词：大规模数据集合、新处理模式、信息资产。首先，大数据是一种大规模、海量的数据集合，数据的数量特别巨大，种类特别繁多；其次，大数据已经无法用传统的数据处理工具进行处理，从而催生出一些新的处理模式和处理技术；最后，在这样巨大规模的数据中，可以提取出更有价值的信息，从而使数据成为一种无形的可增值的资产。

2. 大数据面临的主要问题

（1）数据真实性。

（2）数据代表性和适时性。

（3）数据安全性。

（4）数据特殊性：易受攻击；进行数据挖掘时易泄密；数据传输的安全隐患；存储管理风险；跨境数据流动的隐患；传统安全措施难以适配；应用访问控制愈加复杂。

（5）监管不力。

（6）权属界定不明确。

（7）人才短缺。

3. 大数据与人工智能的关系

未来大数据将成为智能机器的基础，从海量数据中获取的内容通过深度学习，将赋予人工智能更多有价值的发现与洞察，而人工智能也将成为进一步挖掘大数据宝藏的钥匙，助力大数据释放相当于人类智慧的优越价值。

──□ 任务 2 大数据处理架构 Hadoop 及开发工具 □──

任务目的

（1）了解 Hadoop 的概念及功能。

（2）了解常见的数据开发工具。

任务描述

（1）上网搜集 Hadoop 和 Python 的应用案例，了解 Hadoop 和 Python 的具体应用。

（2）试用 Hadoop 软件，熟悉软件的使用方法。

★ 方法与步骤

1. 搜集资料并讨论

（1）分组：班级同学以 5 人为一小组，明确小组分工，选举小组组长。

（2）收集资料：各小组收集 Hadoop 和 Python 的应用案例，并记录下来。

（3）各小组将搜集的内容进行整理，与其他小组交流。

2. 试用 Hadoop

启动程序，浏览程序界面，并试用命令操作。

相关知识与技能

1. Hadoop 的概念与作用

Hadoop 是一个开源框架，可编写和运行分布式应用处理大规模数据，Hadoop 目前已有很多版本，本书使用经典的 Hadoop 2.0。

Hadoop 2.0 具有分布式存储（HDFS）和分布式操作系统（Yarn）两个功能软件包。将 Hadoop 2.0 部署至集群，然后调用 Hadoop 2.0 程序库就能用简单的编程模型处理分布在不同机器上的大规模数据集。

2. Hadoop 的生态系统

Hadoop 框架的核心是 HDFS 和 MapReduce，其中 HDFS 是分布式文件系统，MapReduce 是分布式数据处理模型和执行环境。Hadoop 的生态系统如图 8-1 所示。

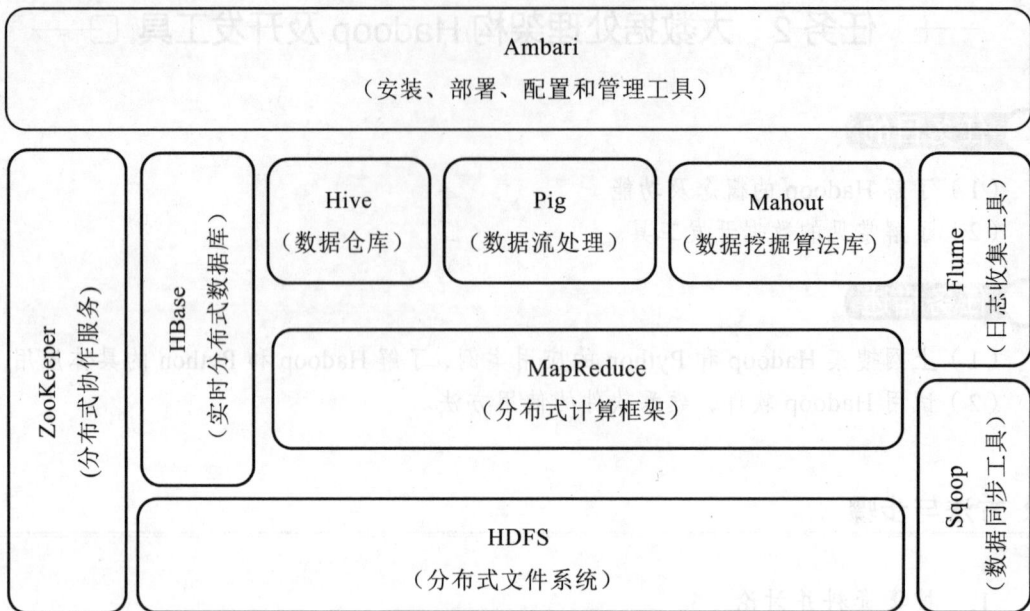

图 8-1　Hadoop 的生态系统

3.　Python 语言

Python 语言是一门跨平台、开源、免费的解释型动态编程语言，支持命令式编程、函数式编程、面向对象编程等程序设计，语法简捷清晰，并且拥有大量支持多领域应用开发的成熟扩展库，如机器学习领域的 scikit-learn；深度学习领域的 TensorFlow；数据分析领域的 Pandas、NumPy；以及绘图领域的 Matplotlib、seaborn 等。这些扩展库让 Python 语言变得强大，也成为实现数据分析和机器学习、人工智能的首选语言。

——□ 任务 3　大数据应用领域 □——

○ 任务目的

了解大数据的应用领域。

○ 任务描述

搜集大数据在实际生活中的应用案例，深刻理解大数据的含义及其应用。

✦ 方法与步骤

1. 分组

班级同学以 5 人为一个小组，明确小组分工，选举小组组长。

2. 收集资料

各小组收集关于大数据的应用案例，并认真填写下表。

应用案例	所属领域	技术范畴

3. 编写讨论稿

各小组将调查的内容整理，写成发言提纲，和其他小组交流。

✎ 相关知识与技能

1. 大数据在日常生活中的应用

日常生活中，我们免不了超市购物、网络购物、外卖点餐等活动，我们的购物清单以及个人的某些信息就成为超市或网站购物大数据的一部分。我们需要发微博、朋友圈、定位信息等，这些数据就成为各大社交网站的大数据的一部分。我们需要滴滴打车、地图导航、交通卡或手机刷码乘坐公共交通工具等，这些数据就成为各平台人流出行、车流分布的大数据的一部分。我们需要网站搜索、在线学习等，这些数据将成为各平台热点词、兴趣点等大数据的一部分。

2. 大数据在城市管理中的应用

（1）大数据与政府公共服务：政府通过建立政务云来管理事务，可以打开政府横向部门间、政府与市民间的通道，消除信息孤岛现象，政府各部门可以适时共享数据。大数据技术还有助于规范政府各部门的数据存储标准，可以有效地解决政府部门间数据的不一致或冲突等问题。此外，大数据还有助于公共服务精细化和政府决策精准化，大数据技术以其准确、全面、高效、智慧等特性，能够满足公众的个性化需求。

（2）大数据与交通管理：通过大数据可以将各条道路上安装的摄像头拍摄下来的数据进行综合分析，将不同时间、不同道路上的交通状况适时发送到驾驶员和交通参与者手中，使人们可以以此为据来选择畅通的路线，从而分散或缓解交通压力。

（3）大数据与环保：通过使用数码装置对江河湖海中不同深度的水进行取样和检测，然后将结果传到后台，后台就可以通过云计算和大数据挖掘来得出河流的水质状况，然后做一个数字化河流的模型，随时了解该河流各点的水质情况。

（4）大数据与社会治安：通过大数据监测能源消耗异常情况，可以判断相关人员的行为异常。

3. 大数据在网络安全领域中的应用

（1）数据采集。

（2）数据查询。

（3）数据存储。

（4）数据分析。

（5）复杂数据处理。

4. 大数据在金融电信行业中的应用

（1）大数据在金融行业的应用。
　　① 客户画像。
　　② 精准营销。
　　③ 风险管控。
　　④ 运营优化。

（2）大数据在电信行业的应用。
　　① 网络管理和优化。
　　② 市场与精准营销。
　　③ 客户关系管理。
　　④ 企业运营管理。
　　⑤ 数据商业化。

第二篇
基 础 练 习

项目 1　计算机与信息技术基础

一、填空题

1. 1GB 等于_____MB。

2. 在同一台计算机中，内存存取速度比外存_____。

3. 在计算机内存中要存放 256 个 ASCII 码字符，需_____B 的存储空间。

4. 在计算机断电后_____中的信息将会丢失。

5. 计算机的存储系统一般是指_____。

6. 与十六进制数 26.E 等值的二进制数是_____。

7. 32 位微处理器中的 32 表示的技术指标是_____。

8. 在微机中访问速度最快的存储器是_____。

9. 计算机的存储器是一种_____部件。

10. 内存中的随机存储器的英文缩写为_____。

11. 在计算机硬件设备中，_____、_____合在一起称为中央处理器，简称 CPU。

12. 在计算机内部，用来传送、存储、加工处理的数据或指令都是以_____形式进行的。

13. 现代计算机的基本工作原理是_____。

14. 要把一张照片输入计算机，必须用到_____的输入设备。

15. 计算机病毒主要是_____通过传播的。

16. 目前计算机病毒对计算机造成的危害主要是通过破坏_____实现的。

二、选择题

1. 世界上第一台电子数字计算机取名为_____。
   A．UNIVAC   B．EDSAC
   C．ENIAC   D．EDVAC

2. 个人计算机简称为 PC 机，这种计算机属于_____。
   A．微型计算机   B．小型计算机
   C．超级计算机   D．巨型计算机

3. 目前制造计算机所采用的电子器件是_____。
   A．晶体管   B．超导体
   C．中小规模集成电路   D．超大规模集成电路

4. 计算机具有自动控制能力，所以人类_____，计算机就会自动操作。

    A. 不需要任何干预   B. 下达命令

    C. 事先设计好运行步骤与程序   D. 演示一下操作方法

5. 一个完整的计算机系统通常包括_____。

    A. 硬件系统和软件系统   B. 计算机及其外部设备

    C. 主机、键盘与显示器   D. 系统软件和应用软件

6. 计算机软件是指_____。

    A. 计算机程序   B. 源程序和目标程序

    C. 源程序   D. 计算机程序及有关资料

7. 计算机的软件系统一般分为两大部分_____。

    A. 系统软件和应用软件   B. 操作系统和计算机语言

    C. 程序和数据   D. DOS和Windows

8. 计算机中所有的数据或指令都用_____数来表示。

    A. 二进制   B. 八进制

    C. 十进制   D. 十六进制

9. 主要决定微机性能的是_____。

    A. CPU   B. 耗电量

    C. 质量   D. 价格

10. 微型计算机中运算器的主要功能是进行_____。

    A. 算术运算   B. 逻辑运算

    C. 初等函数运算   D. 算术运算和逻辑运算

11. 计算机存储数据的最小单位是二进制的_____。

    A. 位（比特）   B. 字节

    C. 字长   D. 千字节

12. 一个字节包括_____个二进制位。

    A. 8   B. 16

    C. 32   D. 64

13. 1MB 等于_____字节。

    A. 100000   B. 1024000

    C. 1000000   D. 1048576

14. 下列数据中，有可能是八进制数的是_____。

    A. 488   B. 317

    C. 597   D. 189

15. 与十进制数 36.875 等值的二进制数是_____。

    A. 110100.011   B. 100100.111

    C. 100110.111   D. 100101.101

16. 下列逻辑运算结果不正确的是_____。

    A. 0+0＝0   B. 1+0＝1

C. 0＋1＝0 D. 1＋1＝1

17. 硬盘属于_____。
  A. 输入设备 B. 输出设备
  C. 内存储器 D. 外存储器

18. 具有多媒体功能系统的微机常用 CD-ROM 作为外存储设备，它是_____。
  A. 只读存储器 B. 只读光盘
  C. 只读硬磁盘 D. 只读大容量软磁盘

19. 在下列计算机应用项目中，属于数值计算应用领域的是_____。
  A. 气象预报 B. 文字编辑系统
  C. 运输行李调度 D. 专家系统

20. 在下列计算机应用项目中，属于过程控制应用领域的是_____。
  A. 气象预报 B. 文字编辑系统
  C. 运输行李调度 D. 专家系统

21. 计算机采用的数制最主要的理由是_____。
  A. 存储信息量大 B. 符合习惯
  C. 结构简单运算方便 D. 数据输入、输出方便

22. 在不同进制的四个数中，最小的一个数是_____。
  A. $(1101100)_2$ B. $(65)_{10}$
  C. $(70)_8$ D. $(A7)_{16}$

23. 根据计算机的_____，计算机的发展可划分为四代。
  A. 体积 B. 应用范围
  C. 运算速度 D. 主要元器件

24. 在计算机系统中，任何外部设备都必须通过_____才能和主机相连。
  A. 存储器 B. 接口适配器
  C. 电缆 D. CPU

25. 一台计算机的字长是 4 个字节，这意味着它_____。
  A. 能处理的字符串最多由4个英文字母组成
  B. 能处理的数值最大为4位十进制数9999
  C. 在CPU中作为一个整体加以传送处理的二进制数码为32位
  D. 在CPU中运算的结果最大为2的32次方

26. 从软件分类来看，Windows 属于_____。
  A. 应用软件 B. 系统软件
  C. 支撑软件 D. 数据处理软件

27. 计算机中信息存储的最小单位是_____。
  A. 二进制位 B. 字节
  C. 字 D. 字长

28. 术语"ROM"是指_____。
  A. 内存储器 B. 随机存取存储器

C．只读存储器　　　　　　　　D．只读型光盘存储器

29．术语"RAM"是指_____。

　　A．内存储器　　　　　　　　B．随机存取存储器

　　C．只读存储器　　　　　　　D．只读型光盘存储器

30．完整的计算机系统应包括_____。

　　A．主机、键盘和显示器　　　　B．主机和操作系统

　　C．主机和外部设备　　　　　　D．硬件系统和软件系统

三、简答题

1．简述计算机的主要应用领域。

2．简述未来计算机的发展趋势。

3．简述计算机系统组成。

4．简述计算机的主要特点。

5．简述计算机病毒的主要来源。

6．简述计算机病毒的传染方式。

7．简述目前在我国常用的防病毒软件。

项目 2　认识 Internet

一、填空题

1. 建立计算机网络的主要目的是＿＿＿＿＿＿。
2. 计算机网络的资源共享功能包括＿＿＿＿＿＿。
3. 计算机网络的拓扑结构从形式上来分，主要可以分为＿＿＿＿＿＿。
4. 网际网的英文名称是＿＿＿＿＿＿。
5. IP 网络中数据传输的依据是＿＿＿＿＿＿。
6. ＿＿＿＿＿＿是计算机病毒传播的"高速公路"。
7. ＿＿＿＿＿＿是 IP 网络中数据传输的依据。
8. IP 地址标识了 IP 网络中的＿＿＿＿＿＿，一台主机可以有多个 IP 地址。
9. 要使域名地址有效，就要将域名地址转换成 IP 地址，这个过程由＿＿＿＿＿＿来完成。
10. 计算机网络的拓扑结构反映了网络中各实体之间的＿＿＿＿＿＿。
11. 人们上网浏览信息必须通过＿＿＿＿＿＿来达到目的。
12. 电子邮件的英文名称是＿＿＿＿＿＿。
13. 文件传输协议的英文缩写是＿＿＿＿＿＿。

二、选择题

1. Internet 最初是为＿＿＿＿＿＿需要创建的。
   - A．信息共享
   - B．民用
   - C．军用
   - D．黑客
2. 因特网正式诞生的标志是＿＿＿＿＿＿。
   - A．Internet的命名
   - B．TCP/IP被定为Internet唯一使用的网络协议
   - C．美国国家科学基金会（NSF）创立
   - D．万维网（WWW）的诞生
3. 计算机网络至少要＿＿＿＿＿＿台计算机。
   - A．1
   - B．2
   - C．3
   - D．不限
4. 校园网属于＿＿＿＿＿＿。
   - A．局域网
   - B．广域网

  C．城域网   D．网际网

5．防治计算机病毒的有效方法是_____。

  A．注射疫苗   B．吃特效药

  C．酒精消毒   D．用杀毒软件杀毒

6．当你的计算机发现病毒或异常时应立刻_____，以防止计算机受到更多的感染，或者成为传播源，再次感染其他计算机。

  A．断网隔离   B．送到隔离室隔离

  C．吃药杀毒   D．用杀毒软件杀毒

7．目前主要使用的 IP 地址是_____版的。

  A．IP4   B．IPv4

  C．IP6   D．IPv6

8．_____通信距离可达几十至几千千米。

  A．局域网   B．广域网

  C．城域网   D．网际网

9．应用最广泛的网络拓扑结构是_____。

  A．星形拓扑   B．环形拓扑

  C．树形拓扑   D．网形拓扑

10．以下站点_____是国产的搜索引擎。

  A．新浪   B．谷歌

  C．百度   D．搜狐

三、简答题

1．IP 地址有什么作用？

2．IP 地址和域名有什么区别和联系？

3．病毒的传播途径都有哪些？

4．计算机网络的功能都有哪些？

项目 3 Windows 10 操作系统的使用

一、填空题

1. 将制作好的系统盘插入电脑的接口是_____。
2. 安装 Windows 10 时启动盘进入的操作系统为_____。
3. 窗口的排列方式有层叠窗口、_____和_____。
4. 要查找文件对文件名未知的部分，可以用通配符替代，可以表示一个字符，可以表示一个字符串的是_____。
5. 图标的排列方式有"按名称排列""按大小排列""按类型排列"和_____。
6. 磁盘检查中工具_____可以检查驱动系统中文件系统的错误。
7. TCP/IP 可设置的选项有 IP 地址、子网掩码、网关和_____。
8. 在鼠标的设置中滚轮的默认设置为一次滚动_____行。
9. 设备为短距离无线通信设备，大量的运用在日常生活中比如_____、无线键盘等。
10. 在控制面板中想改变显示分辨率需要选择_____图标。

二、选择题

1. 操作系统的作用是_____。
   A. 把源程序翻译成目标程序　　　　　B. 进行数据处理
   C. 控制和管理系统资源的使用　　　　D. 实现软硬件的转换
2. 组合键"Ctrl+Esc"的功能是_____。
   A. 在打开的项目之间切换　　　　　　B. 显示"开始"菜单
   C. 查看所选项目的属性　　　　　　　D. 以项目打开的顺序循环切换
3. 选定一个文件夹中所有文件的组合键为_____。
   A. Ctrl+A　　　　　　　　　　　　　B. Ctrl+C
   C. Ctrl+V　　　　　　　　　　　　　D. Ctrl+X
4. Windows 10 中默认设置的磁盘文件系统是_____。
   A. FAT16　　　　　　　　　　　　　B. FAT32
   C. NTFS　　　　　　　　　　　　　 D. LINUX
5. Windows 10 的本地安全设置没有的项目是_____。
   A. 实时保护　　　　　　　　　　　　B. 基于云的保护
   C. 服务保护　　　　　　　　　　　　D. 有限的定期扫描

6. 使用 Windows Update，可以_____。

    A．杀毒   B．升级驱动程序

    C．升级杀毒软件病毒库   D．及时更新计算机系统

7. Windows 10 中电源选项中不存在的选项_____。

    A．睡眠   B．关机

    C．注销   D．重启

8. Windows 10 是一个_____的桌面操作系统。

    A．16位   B．32位

    C．32位与64位并存   D．64位

9. Windows 10 中想找到照片工具可以使用开始菜单的区域是_____。

    A．生活动态   B．播放和浏览

    C．命名组   D．最常用

10. 当我们想看所选对象的大小、类型等信息时，可以选择的查看方式是_____。

    A．缩略图   B．详细信息

    C．平铺   D．列表

11. 当用户想要对自己最近打开的程序进行快速的再次访问，可以_____。

    A．在搜索中查找该程序   B．直接到磁盘中寻找该程序

    C．命名组中找到该程序   D．在最常用中找到该程序

12. 给文件或文件夹重命名的快捷键为_____。

    A．F1   B．F2

    C．F3   D．F4

13. Windows 10 对于内存的最小要求是_____。

    A．64位2G内存   B．32位2G内存

    C．32位4G内存   D．64位4G内存

14. 要在任务栏中显示音量，应在设置_____。

    A．在桌面的空白处单击右键，选择"属性"选项

    B．在任务栏中单击右键，选择"属性"选项

    C．控制面板中的"系统"选项

    D．控制面板中的"声音"选项

15. 下面哪个操作系统不能升级为 Windows 10_____。

    A．Windows XP   B．Windows 7

    C．Windows 8.0   D．Windows 8.1

16. 无法安装 Windows 10 的设备是_____。

    A．手机   B．平板电脑

    C．笔记本电脑   D．智能手环

项目 4　Word 2016 文档编辑与管理

一、填空题

1．要把光标快速移到 Word 文档的尾部，应按组合键_____。

2．在 Word 环境下，文件中用于插入／改写功能的按键为_____。

3．在 Word 环境下，将选定文本移动的操作是：将鼠标移到文本块内，这时鼠标变为箭头形状，再按住_____不放拖动鼠标直到目标位置后松手。

4．Word 2016 文档的默认扩展名是_____。

5．Word 中，如果要选定文档中的某个段落，可将光标移到该段落的左侧，待光标形状改变后，再_____。

6．在 Word 文档中如果看不到段落标记，可以在功能区单击_____按钮来显示。

7．在 Word 文档中，对表格的单元格进行选择后，可以进行插入、移动、_____、合并和删除等操作。

8．在字号中，阿拉伯数字越大字符越_____，中文字号越大表示字符越_____。

9．假设已在 Word 窗口中录入了 6 段汉字，其中第 1 段已经按要求设置好了字体和段落格式，现在要对其他 5 段进行同样的格式设置，使用_____最简便。

二、选择题

1．在 Word 中，段落标记是在文本输入时按下_____键形成的。

  A．Shift   B．Enter

  C．Alt   D．Esc

2．在 Word 的编辑状态下，单击"开始"功能区的"编辑"组中的"选择"按钮，在弹出的子菜单中选择"全选"命令后_____。

  A．整个文档被选中   B．光标所在的段落被选中

  C．光标所在的行被选中   D．光标至文档的首部被选中

3．在 Word 的编辑状态下，进行"粘贴"操作的组合键是_____。

  A．Ctrl+X   B．Ctrl+C

  C．Ctrl+V   D．Ctrl+A

4．在 Word 的编辑状态下，选择菜单中的"复制"命令后_____。

  A．被选中的内容被复制到光标处

  B．被选中的内容被复制到剪贴板

C．光标所在的段落内容被复制到剪贴板

D．光标所在的段落内容被移动到剪贴板

5．关于 Word 表格的表述，正确的是_____。

A．选定表格后，按"Delete"键，可以删除表格及其内容

B．选定表格后，单击"剪切"按钮，不能删除表格及其内容

C．选定表格后，选择"表格"菜单中的"删除"命令，可以删除表格及其内容

D．只能删除表格的行或列，不能删除表格中的某一个单元格

6．在 Word 中，当前光标在表格某行的最后一个单元格中，按"Enter"键后_____。

A．在光标所在的行增高　　　　　　　B．光标所在的列加宽

C．在光标所在的下一行增加一行　　　D．将光标移到下一个单元格

7．要取消文档第 1 页的页码，操作步骤为_____。

A．进入首页的页眉或页脚区，删除页码

B．选择"页面设置"|"版式"|"首页不同"命令

C．选择"页面设置"|"版式"|"奇偶页不同"命令

D．在第一页与第二页之间插入分节符

8．当前编辑的 Word 文件名为"报告"，修改后另存为"总结"，则_____。

A．"报告"是当前文档　　　　　　　　B．"总结"是当前文档

C．"报告"和"总结"都被打开　　　　　D．"报告"改为临时文件

9．Word 中当用户在输入文字时，在_____模式下，随着输入新的文字，后面原有的文字将会被覆盖。

A．插入　　　　　　　　　　　　　　B．改写

C．自动更正　　　　　　　　　　　　D．断字

10．在 Word 的编辑状态下，要删除光标右边的文字，按_____键。

A．Delete　　　　　　　　　　　　　B．Ctrl

C．BackSpace　　　　　　　　　　　D．Alt

项目 5　Excel 2016 数据统计与分析

一、选择题

1. 在 Excel 2016 中，选定整个工作表的方法是_____。
   - A. 双击状态栏
   - B. 单击左上角的行列坐标的交叉点
   - C. 右键单击任一单元格，从弹出的快捷菜单中选择"选定工作表"命令
   - D. 按下"Alt"键的同时双击第一个单元格

2. 在 Excel 2016 中图表的数据源发生变化后，图表将_____。
   - A. 不会改变
   - B. 发生改变，但与数据无关
   - C. 发生相应的改变
   - D. 被删除

3. 在 Excel 2016 中文版中，可以自动产生序列的数据是_____。
   - A. 一
   - B. 1
   - C. 第一季度
   - D. A

4. 在 Excel 2016 中，文字数据默认的对齐方式是_____。
   - A. 左对齐
   - B. 右对齐
   - C. 居中对齐
   - D. 两端对齐

5. 在 Excel 2016 中，在单元格中输入"=12>24"确认后，此单元格显示的内容为_____。
   - A. FALSE
   - B. =12>24
   - C. TRUE
   - D. 12>24

6. 在 Excel 2016 中，删除工作表中与图表链接的数据时，图表将_____。
   - A. 被删除
   - B. 必须用编辑器删除相应的数据点
   - C. 不会发生变化
   - D. 自动删除相应的数据点

7. 在 Excel 2016 中工作簿名称被放置在_____。
   - A. 标题栏
   - B. 标签行
   - C. 工具栏
   - D. 信息行

8. 在 Excel 2016 中，在单元格中输入"=6+16+MIN(16,6)"，将显示_____。
   - A. 38
   - B. 28
   - C. 22
   - D. 44

9. 在 Excel 2016 中建立图表时，我们一般_____。
   - A. 先输入数据，再建立图表
   - B. 建完图表后，再输入数据
   - C. 在输入的同时，建立图表
   - D. 首先建立一个图表标签

10．在 Excel 2016 中将单元格变为活动单元格的操作是_____。

A．用鼠标单击该单元格

B．将鼠标指针指向该单元格

C．在当前单元格内键入该目标单元格地址

D．没必要，因为每一个单元格都是活动的

11．在 Excel 2016 中，若单元格 C1 中公式为"=A1+B2"，将其复制到单元格 E5，则 E5 中的公式是_____。

A．=C3+A4　　　　　　　　　B．=C5+D6

C．=C3+D4　　　　　　　　　D．=A3+B4

12．Excel 2016 的 3 个主要功能是_____、图表和数据库。

A．电子表格　　　　　　　　B．文字输入

C．公式计算　　　　　　　　D．公式输入

13．在同一工作簿中，Sheet1 工作表中的 D3 单元格要引用 Sheet3 工作表中 F6 单元格中的数据，其引用表述为_____。

A．=F6　　　　　　　　　　　B．=Sheet3!F6

C．=F6!Sheet3　　　　　　　　D．=Sheet3#F6

14．在 Excel 2016 中，在单元格中输入"=6+16+MIN(16,6)"，将显示_____。

A．38　　　　　　　　　　　　B．28

C．22　　　　　　　　　　　　D．44

15．在 Excel 2016 中，Sheet2！A4 表示_____。

A．工作表Sheet2中的A4单元格绝对引用

B．A4单元格绝对引用

C．Sheet2单元格同A4单元格进行！运算

D．Sheet2工作表同A4单元格进行！运算

二、填空题

1．在 Excel 2016 中，在单元格中输入=2/5，则表示_____。

2．退出 Excel 2016 可使用_____组合键。

3．Excel 2016 默认的工作表名称为_____。

4．默认情况下，Excel 2016 新建工作簿的工作表个数为_____。

5．Excel 2016 中，对单元格地址 A4 绝对引用的方法是输入_____。

6．Excel 2016 中，一个完整的函数包括_____。

7．Excel 2016 的单元格中输入一个公式，首先应键入_____。

8．一般情况下，Excel 2016 默认的显示格式右对齐的是_____型数据。

9．Excel 2016 中，在单元格中输入"=20 <> AVERAGE(7,9)"，将显示_____。

10．Excel 2016 地址栏中 A3 单元格的含义是_____。

项目 6　PowerPoint 2016 演示文档制作与展示

一、填空题

1. PowerPoint 2016 演示文稿的扩展名是_____。

2. 所有幻灯片都包括一个母版集合，包括幻灯片母版、备注母版和_____。

3. 浏览幻灯片时，从头开始播放幻灯片的快捷键是_____。

4. 在幻灯片背景设置过程中，如果单击_____按钮，则目前背景设置对演示文稿的所有幻灯片都起作用。

5. 演示文稿中所有的幻灯片在同一位置添加同样的图片可以在_____中完成。

6. 如果想调整幻灯片内的动画播放顺序应该单击菜单栏的_____按钮。

7. 设置幻灯片"擦除"的切换效果时，想改变擦除方向应单击菜单栏的_____按钮。

8. 在 PowerPoint 2016 中要用到拼写检查、语言翻译、中文简繁体转换等功能时，应单击菜单栏的_____按钮。

9. 把制作完成的演示文稿打包成 CD 应单击菜单栏中的"文件"按钮再单击_____。

10. 保存演示文稿时，选择_____文件类型可以使此文稿被老版本的用户打开。

二、选择题

1. 在 PowerPoint 文档中能添加下列哪些对象_____。
    A. Excel图表　　　　　　　　　　B. 音频的视频
    C. Flash动画　　　　　　　　　　D. 以上都对

2. 如果想把插入的图片按比例改变大小应按住_____键。
    A. Esc　　　　　　　　　　　　　B. Shift
    C. Ctrl　　　　　　　　　　　　　D. Alt

3. 在 PowerPoint 2016 中使字体变粗的组合键是_____设置。
    A. Alt+B　　　　　　　　　　　　B. Ctrl+B
    C. Shift+B　　　　　　　　　　　D. Ctrl+Alt+Del

4. 超链接只有在以下哪种视图下会被激活_____。
    A. 幻灯片视图　　　　　　　　　　B. 大纲视图
    C. 幻灯片浏览视图　　　　　　　　D. 幻灯片放映视图

5. PowerPoint 2016 中，如果有几张幻灯片暂时不想让观众观看，最好使用什么方法？

A．删除这些幻灯片

B．自定义放映取消这些幻灯片

C．隐藏幻灯片

D．新建一个不含这些幻灯片的演示文稿

6．PowerPoint 2016 中，默认的视图方式是_____。

A．大纲视图　　　　　　　　B．阅读视图

C．普通视图　　　　　　　　D．页面视图

7．下列幻灯片元素中，_____无法打印输出。

A．图片　　　　　　　　　　B．动画

C．母版设置的企业标记　　　D．图表

8．幻灯片中占位符的作用是_____。

A．表示文本长度　　　　　　B．限制插入对象数量

C．表示图形大小　　　　　　D．为文本、图形预留位置

9．PowerPoint 2016 中，"自定义动画"的添加效果有_____。

A．进入、退出　　　　　　　B．进入、强调、退出

C．进入、强调、退出、动作路径　　D．进入、退出、动作路径

10．PowerPoint 2016 中，添加页眉和页脚应单击菜单栏的_____按钮。

A．开始　　　　　　　　　　B．插入

C．设计　　　　　　　　　　D．审阅

11．如果想在插入的表格最后再添加一行，应单击表格的最后一个单元格，然后按_____键。

A．Alt　　　　　　　　　　　B．Ctrl

C．Tab　　　　　　　　　　　D．Shift

12．在"图片工具"中的_____组中可以为图片添加阴影等效果。

A．图片效果　　　　　　　　B．图片版式

C．图片样式　　　　　　　　D．艺术效果

13．以下哪项不是 PowerPoint 2016 可以导出的类型_____。

A．PDF　　　　　　　　　　B．MPEG4

C．CD　　　　　　　　　　　D．MP3

14．保存演示文稿时，系统默认的文件夹为_____。

A．桌面　　　　　　　　　　B．我的文档

C．优盘　　　　　　　　　　D．以上说法都不对

15．关于 PowerPoint 的自定义动画功能，以下说法错误的是_____。

A．图片、声音、文本都可以设置动画

B．动画设置后，顺序不可以改变

C．可以将对象设置成播放后隐藏

D．同时还可配置声音

项目 7　人工智能技术及应用概论

一、填空题

1．用来判断一个机器是否具有人类智能的著名测试是_____。

2．"人工智能"一词是_____提出的。

3．人工智能诞生的标志是_____。

4．1997 年 5 月 11 日，_____的计算机系统"深蓝"战胜了国际象棋世界冠军卡斯帕罗夫，是人工智能发展的一个重要里程。

5．_____技术的发展，使计算机具有了模拟人类的功能特点。

6．深度学习源于_____的研究。

7．2017 年，微软成立了_____，招募了很多领域科学家都参与其中。

8．人工智能的一个重要研究方向是借鉴_____的研究成果。

9．当前人工智能领域的大量研究集中在深度学习，但是深度学习的局限是_____。

10．2017 年 7 月，国务院发布《新一代人工智能发展规划》，将新一代人工智能放在国家战略层面进行部署，描绘了面向_____年的我国人工智能发展路线图。

11．处理自然语言的关键是要让计算机_____。

12．人工智能的研究方法是_____。

13．_____在 20 世纪 70～80 年代风靡一时，主要被应用于图像分析与处理、语音识别、声音分类、通信、计算机辅助诊断、数据挖掘等方面。

14．机器学习是一门多领域交叉学科，涉及_____等多门学科。

15．未来人工智能计算芯片发展的主流是_____。

二、选择题

1．_____技术的广泛应用标志着人工智能的春天的到来。

  A．AI
  B．语音识别
  C．深度学习
  D．神经网络

2．_____是一个强大的识别工具，极大简化了一些问题的处理难度。

  A．机器学习
  B．神经网络
  C．语音识别
  D．深度学习

3．如果人工智能进入生物启发的智能阶段，将依赖于_____等学科的发现，将机理变为可计算的模型。

  A．生物学、脑科学、生命科学和心理学

　　B．脑科学、认知科学、生命科学

　　C．化学、物理、天文学

　　D．深度学习

4．在解决包含大量数据的问题时，使用_____编程可实现比手写 C 语言更快的速度。

　　A．Theano
　　B．Keras

　　C．TensorFlow
　　D．PyTorch

5．Caffe 的核心语言是_____。

　　A．C
　　B．C+

　　C．C++
　　D．以上都不是

6．语音识别技术研究的是对声音进行_____。

　　A．分析
　　B．分帧

　　C．提取
　　D．以上都不是

7．银行客服机器人可以与人对话交流，采用的是_____技术。

　　A．数字图像处理
　　B．语音识别

　　C．自然语言处理
　　D．模拟

8．根据人脑的结构和工作机理实现人工智能的研究方法是_____。

　　A．结构模拟
　　B．功能模拟

　　C．行为模拟
　　D．神经模拟

9．新零售属于_____范畴。

　　A．智慧生活
　　B．智慧物流

　　C．智慧商业
　　D．智慧经营

10．人工智能的灵魂是_____。

　　A．人工
　　B．智能

　　C．硬件
　　D．软件

二、简答题

1．人工智能的发展趋势有什么特征？

2．当前我国人工智能的发展态势在哪些方面处于国际前列？

3．深度学习框架主要有哪些？

4．数字图像技术主要应用在哪些方面？

5．人工智能在商业中的应用主要有哪些方面？

6．人工智能的灵魂是什么？

项目8 大数据技术原理及应用概论

一、填空题

1. _____中存储数据的安全问题成为阻碍大数据传输发展的主要因素。

2. _____为大数据传输提供了存储场所、访问通道、虚拟化的数据处理空间。

3. 在大数据的存储平台上，数据量是_____甚至是指数级的速度增长的。

4. 大数据决定了人工智能的_____。

5. 大数据的最终受益者可以分为三类，分别是企业、消费者以及_____。

6. 未来，_____将成为一门专门的学科，被越来越多的人所认知。

7. Hadoop 是一个_____，可编写和运行分布式应用处理大规模数据。

8. 将 Hadoop 2.0 部署至_____，然后调用 Hadoop 2.0 程序库就能用简单的编程模型处理分布在不同机器上的大规模数据集。

9. Hadoop 框架的核心是_____。

10. Python 语言是一种_____语言。

二、选择题

1. 大数据的意思是数据特别_____。
   - A. 大
   - B. 多
   - C. 又大又多
   - D. 难以计算

2. IBM 提出的大数据特性是_____特性。
   - A. 3V
   - B. 4V
   - C. 5V
   - D. 6V

3. _____不是大数据的价值体现。
   - A. 数据辅助决策
   - B. 数据驱动业务
   - C. 数据传输服务
   - D. 数据对外服务

4. _____为大数据提供了弹性可拓展的基础设备，是产生大数据的平台之一。
   - A. 计算机
   - B. 人工智能
   - C. 编程语言
   - D. 云数理

5. HDFS 是_____。
   - A. 分布式文件系统
   - B. 分布式数据处理模型
   - C. 分布式计算框架
   - D. 分布式协作服务

6. _____是一个日志收集系统，可以将数据从产生、传输、处理并最终写入目标的路径的过程抽象为数据流。

    A．HBase

    C．Mahout

    B．Sqoop

    D．Flume

7．_____经常与 else、elif（相当于 else if）配合使用。

    A．if语句

    C．pass语句

    B．try语句

    D．in语句

8．数据采集属于大数据在_____领域中的应用。

    A．日常生活

    C．城市管理

    B．金融电信

    D．网络安全

三、简答题

1．大数据概念的关键词是什么？

2．大数据在信息泄露方面有哪些不确定因素？

3．大数据面临的主要问题有哪些？

4．当前新一代人工智能发展强劲的原因是什么？

反侵权盗版声明

电子工业出版社依法对本作品享有专有出版权。任何未经权利人书面许可，复制、销售或通过信息网络传播本作品的行为；歪曲、篡改、剽窃本作品的行为，均违反《中华人民共和国著作权法》，其行为人应承担相应的民事责任和行政责任，构成犯罪的，将被依法追究刑事责任。

为了维护市场秩序，保护权利人的合法权益，我社将依法查处和打击侵权盗版的单位和个人。欢迎社会各界人士积极举报侵权盗版行为，本社将奖励举报有功人员，并保证举报人的信息不被泄露。

举报电话：（010）88254396；（010）88258888

传　　真：（010）88254397

E-mail：　dbqq@phei.com.cn

通信地址：北京市万寿路南口金家村 288 号华信大厦

　　　　　电子工业出版社总编办公室

邮　　编：100036